业 系 列 新 形 态 教 材

工程造价软件应用

杨爱珍　陈　良　易　丹☑主　编

清華大学出版社

北 京

内 容 简 介

本书基于广联达 BIM 土建计量平台 GTJ2021 和广联达云计价平台软件,以某垃圾转运站项目综合楼为载体,详细介绍了运用软件进行项目新建、构件属性定义、构件绘制、清单套取出量等操作应用。根据职业院校工程造价、工程管理、建筑工程技术等专业教学标准和全国职业院校技能大赛要求,本书以项目引导、任务驱动的方式编排,强调实用性和可操作性。各项目内容均结合真实项目案例进行讲解,并结合任务检测,让学生在学中练、练中学,从而提高学生的实际操作能力,体现了"行动导向"的教学理念。

本书紧扣工程造价软件应用过程中的重点内容,突出不同任务中各构件绘制与计量的具体操作和任务实施后的评价反馈,易于读者阅读和掌握。本书包括 12 个项目,项目 1 为工作准备,项目 2~项目 11 为基于真实项目案例中各主要构件的绘制与计量,项目 12 为 CAD 导图建模。为方便读者学习,本书配套电子图纸、微课视频等数字化资源。

本书可作为职业院校工程造价、工程管理、建筑工程技术等专业的学习教材,也可作为全国职业院校相关技能大赛备赛用书和造价员的培训用书,还可供工程造价、工程管理相关技术管理人员学习参考。

图书在版编目(CIP)数据

工程造价软件应用 / 杨爱珍,陈良,易丹主编.—北京: 清华大学出版社,2022.7
土木建筑大类专业系列新形态教材
ISBN 978-7-302-60775-5

Ⅰ.①工…　Ⅱ.①杨…　②陈…　③易…　Ⅲ.①建筑工程-工程造价-应用软件-教材
Ⅳ.①TU723.3-39

中国版本图书馆CIP数据核字(2022)第076065号

责任编辑: 杜　晓
封面设计: 曹　来
责任校对: 刘　静
责任印制: 杨　艳

出版发行: 清华大学出版社
　　　　　网　　　址: http://www.tup.com.cn, http://www.wqbook.com
　　　　　地　　　址: 北京清华大学学研大厦A座　　　　邮　　编: 100084
　　　　　社 总 机: 010-83470000　　　　　　　　　邮　　购: 010-62786544
　　　　　投稿与读者服务: 010-62776969, c-service@tup.tsinghua.edu.cn
　　　　　质量反馈: 010-62772015, zhiliang@tup.tsinghua.edu.cn
　　　　　课件下载: http://www.tup.com.cn, 010-83470410
印 装 者: 三河市龙大印装有限公司
经　　销: 全国新华书店
开　　本: 185mm×260mm　　印　张: 14　　字　　数: 295千字
版　　次: 2022年8月第1版　　　　　　　　印　　次: 2022年8月第1次印刷
定　　价: 59.00元

产品编号: 097620-01

前　言

随着建筑行业数字化、信息化的快速发展，数字建筑的转型升级促进了专业造价人员快速、熟练使用最新 BIM 计量软件。"工程造价软件应用"是一门实操性强且与工作岗位技能和工作过程紧密对接的课程。本书是以广联达 BIM 土建计量平台 GTJ2021 为平台，以工作成果为导向，以 BIM 土建计量实际工作过程为依据，开发编写的内容全面、形式新颖、简单实用的工作手册式教材。

全书共分 12 个项目，参照工作过程，每个项目均由工作任务目标、工作任务操作、工作任务检测及评价反馈等模块构成。本书以实际项目案例图纸为载体，综合了手工建模及 CAD 导图建模两种建模方式。读者可通过项目案例实操来掌握量筋合一软件的操作方法，准确、快速地完成案例工程土建和钢筋的建模与计量。为方便读者拓展学习，本书配有项目案例的工程图纸、工程操作教学视频等资源，读者扫描书中二维码即可观看。

本书为江苏城乡建设职业学院工程造价省级高水平专业群立项建设项目（项目编号：ZJQT21002313）。本书由江苏城乡建设职业学院杨爱珍、陈良、易丹担任主编，常州工程职业技术学院严红霞和广联达科技股份有限公司朱溢镕参编。具体编写分工如下：项目 1～项目 4、项目 12（任务 12.1、任务 12.2）由杨爱珍编写，项目 5～项目 7 由陈良编写，项目 8～项目 10 由易丹编写，项目 11 由严红霞编写，项目 12（任务 12.3、任务 12.4）由朱溢镕编写。全书由杨爱珍统稿，江苏苏中建设集团副总工程师唐小卫对全书进行审定。

本书在编写过程中得到江苏城乡建设职业学院工程造价教师团队和广联达科技股份有限公司专家的大力帮助，在此一并表示诚挚的谢意！由于编者的水平有限，书中难免有不妥之处，敬请广大读者批评、指正。

编者
2022 年 1 月

本书配套图
纸案例下载

目　录

项目 1　工作准备

项目描述

依据本项目案例工程（某垃圾转运站项目综合楼工程）的建筑施工图和结构施工图、《建设工程工程量清单计价规范》（GB 50500—2013）、《房屋建筑与装饰工程工程量计算规范》（GB 50854—2013）、国家建筑标准设计图集《混凝土结构施工图平面整体表示方法制图规则和构造详图》（16G101-1）系列，利用广联达 BIM 土建计量平台 GTJ2021，完成软件建模算量前的准备工作。

本项目包括两个工作任务：安装运行广联达 BIM 土建计量平台 GTJ2021，新建工程及新建轴网。

本项目建议学时：4 学时。

任务 1.1　安装运行广联达 BIM 土建计量平台 GTJ2021

【任务目标】

（1）会利用广联达官网资源下载软件包，并安装运行。

（2）会软件建模基本流程。

（3）会基本操作广联达 BIM 土建计量平台 GTJ2021。

（4）培养专业规范意识，建立良好操作习惯。

【任务操作】

1. BIM 土建计量平台 GTJ2021 介绍

广联达平台 GTJ2021 内置《房屋建筑与装饰工程工程量计算规范》（GB 50854—2013）、全国各地清单定额计算规则及 16G101 系列平法钢筋规则，能通过智能识别 CAD 图纸、一键导入 BIM 设计模型、云协同等方式建立 BIM 土建计量模型，解决土建专业估概算、招投标预算、施工进度变更、竣工结算等全过程各阶段的算量、提量、检查、审核全流程业务，实现一站式的 BIM 土建计量服务（数据 & 应用），软件功能界面如图 1-1 所示。

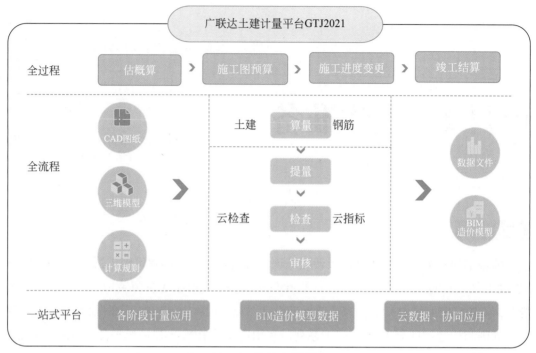

图 1-1　软件功能界面

2. 软件建模基本流程

（1）实例工程建模算量思路如图 1-2 所示。

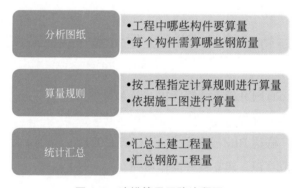

图 1-2　建模算量思路流程图

（2）总体遵循点、线、面及三先三后顺序建模。

三先三后：先结构后建筑，先地上后地下，先主体后零星。

框架结构操作流程：柱 → 梁 → 板 → 基础 → 其他。

剪力墙结构操作流程：墙 → 墙柱 → 墙梁 → 板 → 基础 → 其他。

砖混结构操作流程：砌体墙 → 构造柱 → 圈梁 → 板 → 基础 → 其他。

（3）在软件中绘制构件时，基本遵循"新建构件—调整属性—绘制构件"三个主要步骤。

在构件绘制过程中，按照不同的绘制方式，可以将所有构件类型划分为三大类：点式构件、线式构件和面式构件。三种构件类型分别对应以下三种绘制方式。

点式构件（如柱、构造柱、独立基础等）：采用"点"或其他方式绘制。

线式构件（如梁、墙等）：采用"直线"或其他方式进行绘制。

面式构件（如板、筏板等）：绘制范围形成封闭区域时，可以使用"点"绘制；未形成封闭区域时，可以使用"直线""矩形"绘制，或用其他方式布置。

（4）在建模过程中，要及时反查，避免模型错误积少成多，养成良好的操作习惯。

3. 安装并运行广联达土建计量平台 GTJ2021

（1）软件下载：打开"广联达 G + 工作台"的"软件管家"，如图 1-3 所示。在"土建算量"软件中下载广联达土建计量平台 GTJ2021，根据计算机配置选择 32 位或 64 位的相应版本，可以一键安装或仅下载，如图 1-4 所示。

图 1-3 广联达 G + 工作台

图 1-4 GTJ2021 软件下载界面

（2）软件安装：双击下载的软件 江苏_ (64位) 广联达BIM土建计量平台GTJ2021_1.0.31.6 (1637318573634).exe 进行安装，如图 1-5 所示。本书参照江苏省系列规范进行讲解。

图 1-5 软件安装

安装完成后，在桌面生成软件快捷图标 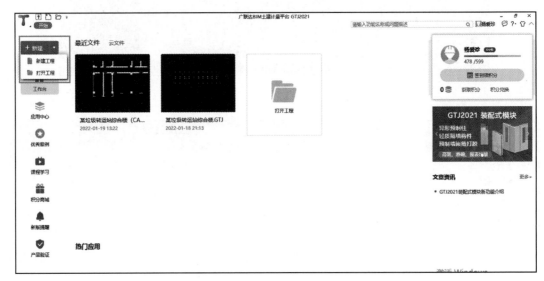，完成软件安装。

（3）认识软件界面：打开软件，在软件欢迎界面新建一个工程，如图 1-6 所示。

图 1-6 软件新建工程界面

① 菜单栏：按照建模流程设置，包括"开始""工程设置""建模""视图""工具""工程量""云应用""协同建模"及"IGMS"九部分。

② 工具栏：提供各菜单栏对应的常用工具，菜单栏中每一个页签对应的工具栏项不同。

③ 楼层切换栏：用于建模过程中快速切换楼层及构件。

④ 模块导航栏：软件中所有构件均按照类型进行分组显示，切换至对应构件即可进行后续建模操作。

⑤ 构件列表 / 图纸管理：构件列表显示当前构件类型下所有构件，如柱类型下 KZ-1、KZ-2 等。图纸管理用于 CAD 识别建模时添加、分割、定位图纸等相关功能。

⑥ 属性列表 / 图层管理：属性列表显示当前构件属性内容，比如 KZ-1 的截面尺寸、配筋信息等，可以根据图纸信息直接修改。图层管理用于 CAD 识别过程中图层显示及隐藏操作。

⑦ 绘图区：模型建立后在此显示。

⑧ 视图显示框：用于快速切换模型二维和三维显示状态、图元及图元名称显示及隐藏状态等。

⑨ 状态栏：提供建模过程中的辅助功能，如点捕捉、操作提示等。

软件操作界面如图 1-7 所示。

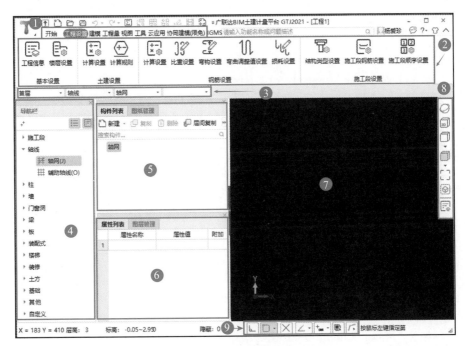

图 1-7 软件操作界面

【任务检测】

请分别说明框架结构房屋和剪力墙结构房屋的主体结构构件建模顺序。

_____

_____

_____

_____

_____

_____

学习笔记

任务 1.2　新建工程和轴网

【任务目标】

（1）会依据本案例工程图纸新建工程，完成工程设置。

（2）会依据本案例工程图纸完成轴网绘制。

（3）培养细致精准的职业素养。

【任务操作】

1. 新建工程

（1）双击软件图标打开软件，新建工程，输入本案例项目工程名称"某垃圾转运站综合楼"，依据《房屋建筑与装饰工程工程量计算规范》（GB 50854—2013）、《建设工程工程量计价规范》（GB 50500—2013），国家建筑标准设计图集《混凝土结构施工图平面整体表示方法制图规则和构造详图》（16G101-1）系列，选择清单库、定额库、计算规则及钢筋规则，完成后单击"创建工程"，如图 1-8 所示。

微课：新建工程文件

图 1-8　新建工程界面

（2）工程设置包括基本设置、土建设置及钢筋设置。

识读图纸：通过结构设计总说明获取设计规范或施工标准图集、抗震等级、结构类型、砂浆强度等级、混凝土强度等级及保护层等信息；通过建筑设计总说明获取工程概况、装饰装修做法、门窗等信息；在工程设置中，将上述信息准确地录入到软件中。

按照设计施工说明及图纸信息，在"工程信息"中进行建筑信息描述，尤其注意檐高、结构类型、抗震等级、设防烈度等，如图 1-9 所示。

注意

工程信息中，蓝框中属性值会影响计算结果，属于必填项。

在"工程信息"中"计算规则界面"，可以查看核对清单库、定额库、清单规则及定额规则，修改钢筋损耗等信息，如图1-10所示。

图 1-9　工程信息设置界面

图 1-10　计算规则设置

（3）楼层设置方法如下。

微课：设置楼层

插入楼层：可在当前选中的楼层位置插入一个楼层，如选中基础层，可插入地下室层；选中首层，可插入地上层。

删除楼层：删除当前选中的楼层，但是不能删除首层、基础层和建模中所在的楼层。

相同层数：工程中有标准层时，只要输入相同层数的数目即可，软件会自动将编码改为n–m，标高自动累加。

可根据表1-1进行楼层设置。

> **注意**
>
> 　　如果工程图纸中 2~8 层的平面图和结构图图纸都是一样的，此时标准层的建立应该是 3~7 层，相同层数输入"5"，因为 2 层和 8 层涉及与上下层的图元锚固搭接，所以要单独进行区分，否则会影响上下层的钢筋计算。

表 1-1　楼层结构标高、层高

层号	层高 / m	结构标高 H/m	墙、柱混凝土等级	梁、楼板混凝土等级
出屋面	4.700	23.60	C35	C30
屋面	4.150	18.900（19.400）	C35	C30
5	4.300	14.600	C35	C30
4	3.600	11.000	C35	C30
3	3.600	7.400	C35	C30
2	3.600	3.800	C35	C30
1	3.900	−0.100	C35	C30

　　插入楼层操作如图 1-11 所示，先选中首层，然后依次插入地上 2~6 层，修改首层底标高为 −0.1，根据结构楼层信息输入各层层高。

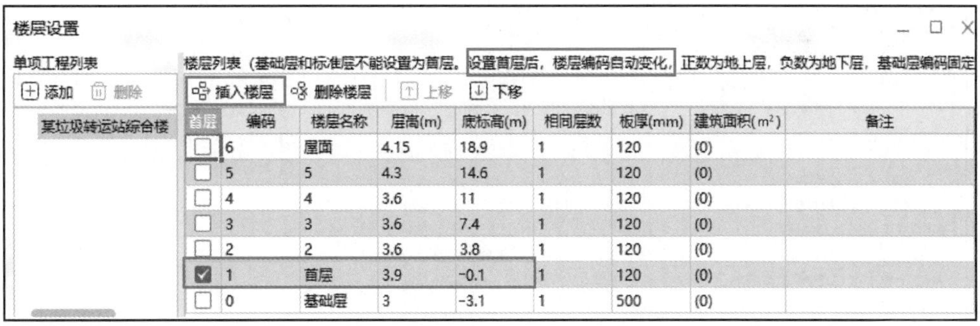

图 1-11　插入楼层

　　（4）楼层混凝土强度和锚固搭接设置方法如下。

　　在"楼层混凝土强度和锚固搭接设置"中，按照工程设计总说明对工程的抗震等级、混凝土强度等级、砂浆强度等级、砂浆类型、保护层厚度等进行修改，如图 1-12 所示。

　　当前楼层调整完成后，如果其他楼层的设置与首层设置相同，可通过"复制到其他楼层"进行各项参数复制，将当前层设置复制到其他楼层，如图 1-13 所示。可通过"导出钢筋设置"功能对当前层设置进行导出，在其他工程中使用"导入钢筋设置"功能进行导入，实现快速修改。

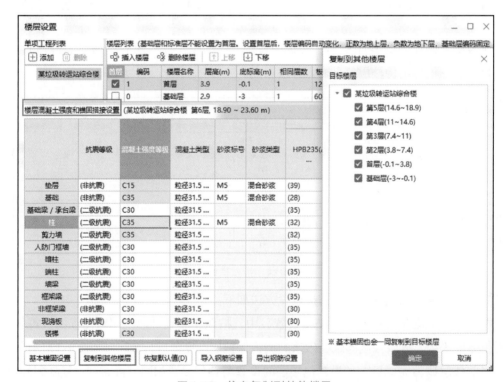

图 1-12　混凝土强度和锚固搭接设置

2. 新建轴网

（1）轴网绘制方法

① 在软件楼层切换栏选择首层，在界面左侧导航栏 → 常用构件类型中选择"轴网"，单击构件列表工具栏"新建"→"新建正交轴网"，打开轴网定义界面。如图 1-14 所示。

微课：新建轴网

图 1-13　信息复制到其他楼层

② 调整轴网属性：在属性编辑框名称处输入轴网的名称，默认为"轴网 -1"。定义轴网开间、进深的轴距时，软件提供了以下三种方法。

方法一：从常用数值中选取，选中常用数值，双击，所选中的常用数值即出现在轴距的单元格上。

方法二：直接输入轴距，在轴距输入框处直接输入轴距（如 3000），单击"添加"按钮或直接按 Enter 键，轴号由软件自动生成，如图 1-15 所示。

方法三：自定义数据，在"定义数据"中直接以"，"分隔输入轴号及轴距。格式为轴号，轴距，轴号，轴距，轴号……（如 A, 4500, B, 2700, C, 4500）；对于连续相同的轴距也可连乘（如 1, 3000 × 4, 5），定义完成后右侧自动生成轴网预览。

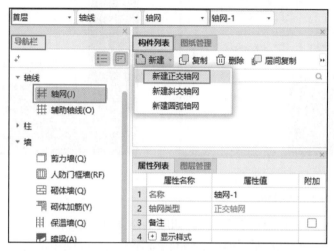

图 1-14　新建轴网

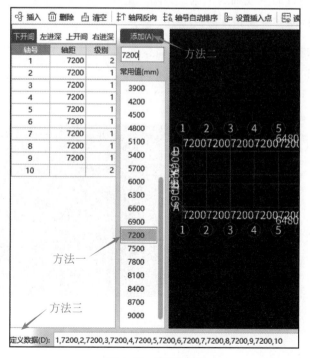

图 1-15　定义轴距

③ 绘制轴网：轴网定义完成后，关闭"定义"窗体，单击"建模"模块，采用点画法插入轴网。

④ 辅助轴线绘制：在软件左侧导航栏中单击"轴线"，在下拉列表中选择"辅助轴线"，在建模菜单下通用操作栏中可选择"两点辅轴""平行辅轴"等多种方法进行辅助轴线的绘制，如图 1-16 所示。"两点辅轴"操作示意如图 1-17 所示，单击辅轴两端点，输入轴号后确定。

图 1-16　辅助轴线绘制

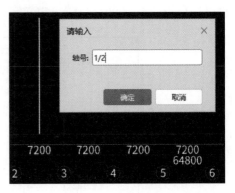

图 1-17　两点辅轴绘制

（2）新建本案例工程轴网

新建正交轴网，打开轴网定义界面，如图 1-18 所示，依据一层平面图或框架柱图的轴网尺寸，连续相同的开间轴距可输入 7200×9 连乘，进深轴距可依次输入 6900、2700、6900，完成后，右侧自动生成轴网预览，关闭"定义"窗口，单击"建模"模块，采用点画法在绘图区画入轴网，旋转角度默认为 0º。

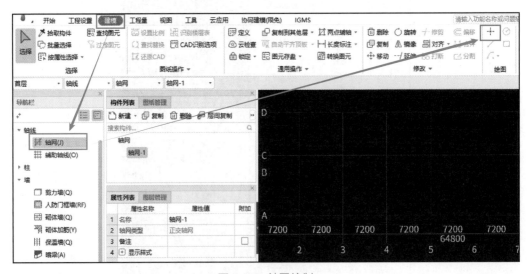

图 1-18　轴网绘制

【任务检测】

（1）在工程设置过程中，计算规则选项卡中的清单规则、定额规则、平法规则、清单库和定额库是在新建工程时选择的，不可修改。如需要重新修改，可采取哪些操作？

_____

_____

_____

_____

　（2）轴网绘制完成后，如需要对部分轴网或轴号进行修改，应该如何操作？

_____

_____

_____

_____

_____

学习笔记

_____

_____

_____

_____

_____

_____

_____

_____

评价反馈

工作准备的学习情况评价与反馈，可参照表 1-2 进行。

表 1-2　工作准备学习过程及任务完成评价表

| 序号 | 评价项目 | 评价标准或内容 | 满分 | 评　　价 | | | 综合得分 |
				自评	互评	师评	
1	工作任务成果	（1）下载并正确安装软件； （2）清单定额库及清单定额规则选择恰当； （3）工程设置信息录入正确； （4）楼层设置准确； （5）轴网绘制准确	30				
2	工作过程	（1）严格遵守工作纪律，自觉开展任务； （2）积极参与教学活动，按时提交工作成果； （3）积极探究学习内容，具备拓展学习能力； （4）积极配合团队工作，形成团结协作意识	20				
3	工作要点总结		30				
4	学习感悟		20				
	小　　计		100				

成果检测

1. 定义轴网时，需要依次确定上下开间和左右进深的数据，本案例工程的下开间依次为＿＿＿＿＿＿＿＿＿＿＿，左进深依次为＿＿＿＿＿＿＿＿＿＿＿。

2. 请拓展查询广联达平台 GTJ2021 算量常用命令的快捷键方式，并完成广联达常用快捷命令汇总表（表 1-3）。

表 1-3 广联达 GTL2021 常用快捷命令汇总表

命　　令	快捷键	命　　令	快捷键
帮助		查看构件图元工程量	
绘图和定义界面的切换		查看构件图元工程量计算式	
批量选择构件图元		汇总计算	
点式构件绘制时水平翻转		图元显示设置	
点式构件绘制时上、下翻转		标注输入时切换输入框	
绘图时改变点式、线式构件图元的插入点		图层管理显示隐藏	
合法性检查		保存	

项目 2　首层柱的绘制与计量

项目描述

能依据本案例工程建筑施工图和结构施工图、《建设工程工程量清单计价规范》（GB 50500—2013）、《房屋建筑与装饰工程工程量计算规范》（GB 50854—2013）、国家建筑标准设计图集《混凝土结构施工图平面整体表示方法制图规则和构造详图（现浇混凝土框架柱、剪力墙、梁、板）》（16G101-1），利用软件手工建模完成首层柱构件的定义与绘制，并计算其土建工程量和钢筋工程量。

本项目包括两个工作任务：柱的属性定义和柱的绘制与计算。

本项目建议学时：2 学时。

任务 2.1　柱的属性定义

【任务目标】

（1）会依据本案例工程框架柱平面布置图完成本工程首层框架柱的属性定义，包括截面尺寸、标高属性、材质属性及柱筋信息。

（2）会依据《房屋建筑与装饰工程工程量计算规范》（GB 50854—2013）完成首层框架柱的构件做法清单套取。

（3）会完成异形柱截面属性定义及清单套取。

（4）培养学生规则意识、树立责任与担当。

【任务操作】

1. 新建柱

在软件左侧界面导航树中打开"柱"文件夹，选择"柱"构件，并将右侧页签切换至"构件列表"和"属性列表"，如图 2-1 所示。

新建矩形柱中输入柱名称（以 KZ2 为例），并根据图纸信息，在下方"属性列表"中将 KZ2 的截面尺寸、钢筋型号、标高等信息录入软件。

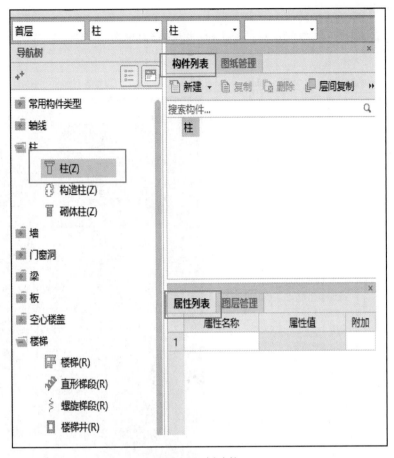

图 2-1　新建柱

柱截面属性定义方法如下。

在"楼层选择栏"选择"首层""柱",柱构件列表 → 新建 → 提供了"矩形柱""圆形柱""异形柱"及"参数化柱"四种类型,满足软件中不同截面类型要求,单击选择"新建矩形柱"。

调整柱属性:在"构件属性"列表栏中,录入图纸柱配筋表中 KZ2 的截面尺寸、柱纵筋箍筋、柱的类型等信息,也可在右侧截面编辑界面可视化绘图区检查、修改柱信息。

输入钢筋信息时,不同级别的钢筋可以在软件中使用对应代号快速输入,代号 A、B、C 分别对应钢筋等级为一级、二级、三级,箍筋间距"@"可以使用"–"代替。如某箍筋 C8@150,软件中输入 C8@150 或 C8-150。

柱属性定义如图 2-2 所示。

2. 构件做法套用

添加清单,查询匹配清单,双击矩形柱或手动输入清单编号 010502001001(矩形柱),011702002001(矩形柱 模板)并完成项目特征填写,如图 2-3 所示。

按此方法可完成首层所有框架柱属性定义。

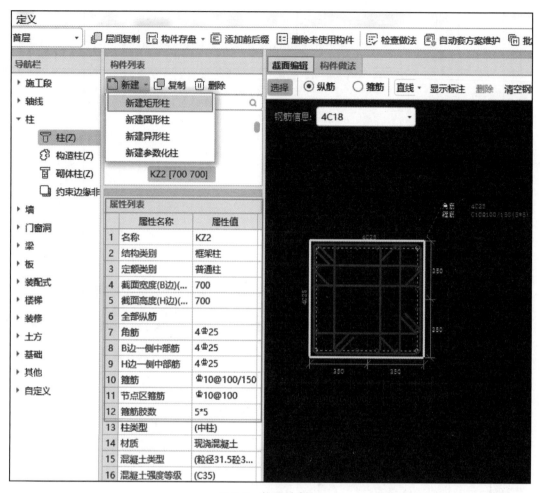

图 2-2　柱属性定义

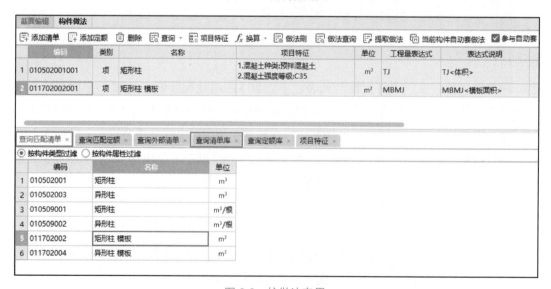

图 2-3　柱做法套用

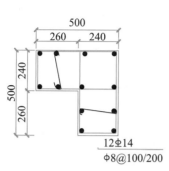

图 2-4　某 L 形柱截面

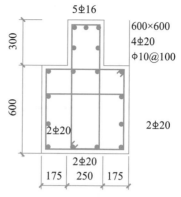

图 2-5　约束边缘柱 YBZ

【任务检测】

分别拓展完成图 2-4 所示 L 形柱和图 2-5 所示某约束边缘柱的截面属性定义及构件做法套用。

提示

① 按"新建参数化柱"完成图 2-5 所示某约束边缘柱的截面属性定义。依次单击构件列表→新建→新建参数化柱，选择参数化截面类型"DZ 形"。

② 对照图 2-6 在"DZ 形"截面形式中选择对应截面 DZ-b3，并单击确定按钮，如图 2-6 所示，在该柱截面编辑界面进行截面尺寸及钢筋等属性定义，完成参数化柱的新建。

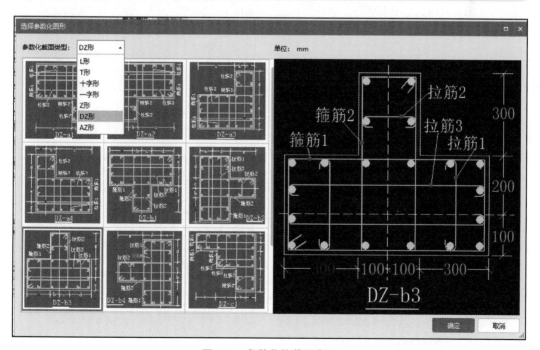

图 2-6　参数化柱截面定义

学习笔记

任务 2.2 柱的绘制与计算

【任务目标】

（1）会运用点画法绘制柱体命令及智能布置命令，进行框架柱的绘制。

（2）会依据本工程框架柱平面布置图，完成首层框架柱的绘制。

（3）会利用软件完成首层柱的土建工程量及钢筋工程量的计算。

（4）培养学生严谨细致的工作态度。

【任务操作】

1. 柱的绘制

（1）采用点画法绘制柱

柱为点式构件，可以在"建模"菜单下直接采用"点"或"旋转点"工具进行布置，在软件菜单栏绘图页签下选择"点"工具布置柱，可单击轴线交点布置，若柱的位置与轴线交点有偏移，可将菜单栏下方的"不偏移"切换至"正交"，并输入柱 X 方向与 Y 方向的偏移量，如图 2-7 所示。绘制柱的过程中，软件默认柱中心为插入点，可以按快捷键 F4 快速切换插入点、按快捷键 F3 左右翻转，按快捷键 Shift + F3 上下翻转。

微课：柱的定义
及绘制

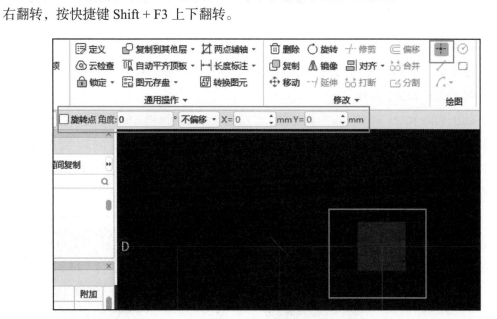

图 2-7 "点"式绘制柱

（2）柱查改标注

可通过柱二次编辑中的"查改标注"或"批量查改标注"功能进行偏心修改处理，根据图 2-8 所示某框架柱定位示意图，用"查改标注"进行柱偏心修改方法如图 2-9 所示。

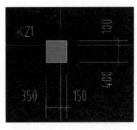
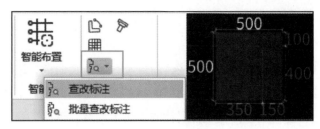

图 2-8　某框架柱定位示意图　　　　　　图 2-9　某柱偏心修改

2. 采用智能布置命令绘制柱

主菜单"建模"对应工具栏单击"智能布置"工具，弹出多种智能布置模式，可根据实际需要选择按轴线、墙、梁等方式进行快速智能布置，如图 2-10 所示。

图 2-10　智能布柱

以按轴线布置为例，单击选择轴线交点，或按鼠标左键框选需要布柱的轴线区域，在框选范围轴线交点处显示智能布置成功，右击结束或按 ESC 键取消。

3. 绘制本案例工程首层柱

本案例工程除 KZ15 和 KZ16 为偏心柱，KZ15 布置按快捷键 Shift + 鼠标左键，输入相对偏移值后确定布柱，如图 2-11 所示。其余均无偏心，可按点画法布柱，完成首层全部框架柱的绘制，如图 2-12 所示。需要查看图中各柱名称信息，可按快捷键 Shift + Z 显示柱构件名称。

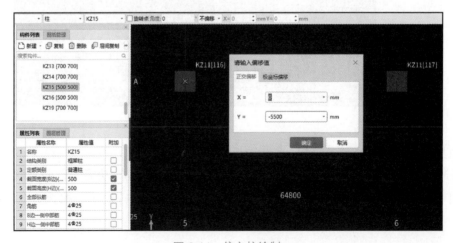

图 2-11　偏心柱绘制

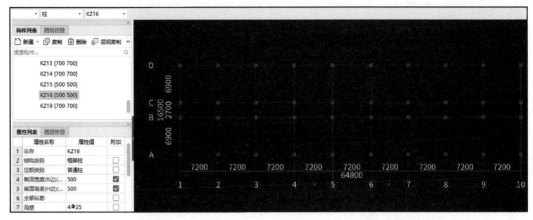

图 2-12　首层框架柱的绘制图

4. 工程量汇总计算及查看

（1）在"工程量"菜单进行汇总计算，或选中图元汇总计算，如图 2-13 所示。

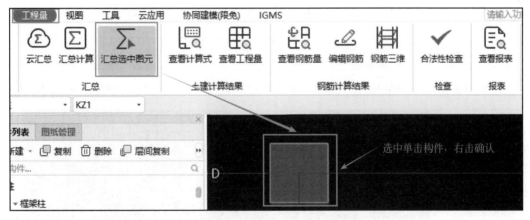

图 2-13　选中图元汇总计算

（2）查看、核对首层柱土建工程量及钢筋工程量。

可在"工具栏"中"土建计算结果"查看土建计算式和土建工程量，在"钢筋计算结果"中编辑钢筋和查看钢筋工程量，如图 2-14 所示。

图 2-14　计算结果查看工具栏

查看 KZ1 构件工程量，如图 2-15 所示。

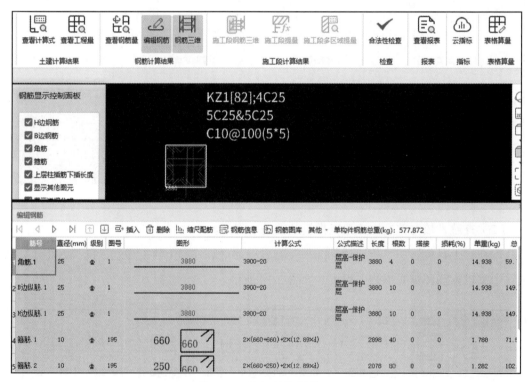

图 2-15　查看柱构件工程量

可在钢筋计算结果栏中查看钢筋量、编辑钢筋及钢筋三维。编辑 KZ1 钢筋如图 2-16 所示。柱钢筋量查看如图 2-17 所示。柱钢筋三维查看如图 2-18 所示。

图 2-16　柱钢筋编辑截面

图 2-17　查看柱钢筋量

图 2-18　查看柱钢筋三维

【任务检测】

（1）汇总计算后，提取 KZ1 及 KZ6 的土建工程量及钢筋工程量，填入表 2-1。

表 2-1　工程量计算详表

构件名称	土建工程量		钢筋工程量				
	计量单位	工程量	钢筋号	根数	直径	图　　形	工程量
KZ1			B 边纵筋				
KZ6			角筋				
			箍筋				

（2）柱的手工对量，列式计算本案例工程首层 KZ1 的混凝土清单工程量，与电算结果核对。

_____

_____

_____

学习笔记

评价反馈

首层柱绘制与计量任务的学习情况评价与反馈，可参照表 2-2 进行。

表 2-2　首层柱的绘制与计量任务学习评价表

序号	评价项目	评价标准或内容	满分	评　价			综合得分
				自评	互评	师评	
1	工作任务成果	（1）柱的属性定义正确； （2）柱的绘制操作正确； （3）柱的工程量计算正确； （4）柱的清单列项正确； （5）柱的工程量提取正确	30				
2	工作过程	（1）严格遵守工作纪律，自觉开展任务； （2）积极参与教学活动，按时提交工作成果； （3）积极探究学习内容，具备拓展学习能力； （4）积极配合团队工作，形成团结协作意识	20				
3	工作要点总结		30				
4	学习感悟		20				
小　计			100				

成果检测

　　汇总计算本案例工程首层框架柱工程量，编制首层柱混凝土分部分项工程量清单，填入表 2-3。

表 2-3　分部分项工程量清单表

序号	项目编码	项目名称	项 目 特 征	计量单位	工程量

项目 3 首层梁的绘制与计量

项目描述

能依据本案例工程建筑施工图和结构施工图、《建设工程工程量清单计价规范》（GB 50500—2013）、《房屋建筑与装饰工程工程量计算规范》（GB 50854—2013）、国家建筑标准设计图集《混凝土结构施工图平面整体表示方法制图规则和构造详图（现浇混凝土框架柱、剪力墙、梁、板）》（16G101-1），利用软件手工建模完成首层框架梁及次梁的定义与绘制，并计算其土建工程量和钢筋工程量。

本项目包括两个工作任务：梁的属性定义和梁的绘制与计算。

本项目建议学时：4学时。

任务 3.1 梁的属性定义

【任务目标】

（1）会依据本案例工程二层梁平面图，完成本工程首层框架梁及次梁等构件的属性定义，如截面尺寸、材质属性、梁配筋等信息。

（2）会依据《房屋建筑与装饰工程工程量计算规范》（GB 50854—2013）完成首层框架梁及次梁的构件做法套用。

（3）培养学生一丝不苟的职业精神。

【任务操作】

1. 新建矩形梁

选择导航树中"梁"文件夹下的"梁"构件，将目标构件定位至首层"梁"，首层梁构件列表下新建框架梁时，按照截面形状，软件提供了"新建矩形梁""新建异形梁""新建参数化梁"三种方式。以 KL5 为例，选择"新建矩形梁"进行属性定义，如图 3-1 所示。

微课：梁的定义

（1）梁属性定义

在构件属性列表中，根据本案例工程图纸 KL5 的集中标注，如图 3-2 所示，将梁的名称、跨数、截面尺寸、通长钢筋、侧面构造筋及箍筋信息等录入对应的位置，软件会根据梁的名称自动判断梁的类别，操作如图 3-3 所示。

图 3-1 新建梁界面

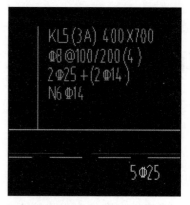

图 3-2 KL5 的集中标注

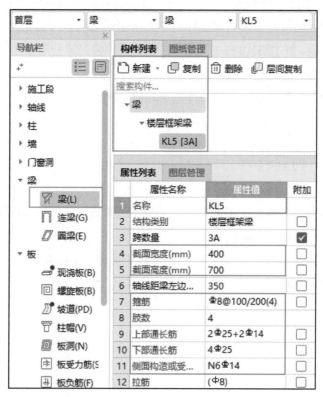

图 3-3 梁属性定义

（2）构件做法套用

添加清单，查询匹配清单。以 KL5 为例，双击有梁板或手动输入清单编号"010505001001"（有梁板）、"011702014001"（有梁板 模板），并完成项目特征填写，如图 3-4 所示。

图 3-4 梁（有梁板）做法套用

以 L9 为例，双击有梁板或手动输入清单编号"010503002001"（矩形梁）、"011702006001"（矩形梁 模板），并完成项目特征填写，如图 3-5 所示。

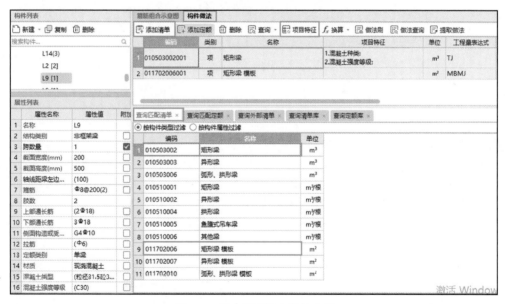

图 3-5 梁（矩形梁）做法套用

2. 新建参数化梁

T 形、梯形、工字形等非矩形截面梁，应按新建异形梁或参数化梁操作，如图 3-6 所示。参数化梁的截面属性定义操作如图 3-7 所示。

参数化梁纵筋信息可在属性列表中直接输入，箍筋在其他箍筋中手动编辑输入，或利用梁平法表格输入钢筋信息。

图 3-6　新建参数化梁

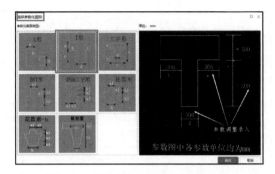

图 3-7　参数化梁的截面属性定义

【任务检测】

拓展完成如图 3-8 所示 T 形梁属性定义。

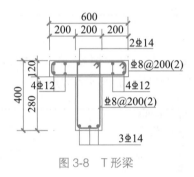

图 3-8　T 形梁

学习笔记

任务 3.2　梁的绘制与计算

【任务目标】

（1）会运用"直线""弧""矩形""圆"等绘图命令或智能布置命令，进行梁的绘制。

（2）会依据本案例工程二层梁平面图，完成首层框架梁及次梁的绘制。

（3）会利用软件完成首层框架梁及次梁的土建工程量及钢筋工程量的计算。

（4）培养学生探究学习的意识和分析解决问题的能力。

微课：梁的绘制

【任务操作】

1. 绘制梁

梁属于线式构件，可通过"直线""三点弧""圆""矩形"等绘图方式进行绘制。

（1）直线绘制："直线"绘制与画直线方式相同，利用上方菜单栏绘图页签下"直线"命令，先后单击梁的两个端点位置进行绘制，绘制完成后右击确认。如勾选"点加长度"，输入长度或反向长度、偏心参数（左偏心数值或偏移数值），绘图区单击构件的插入点即图元起点，再单击指定第二点确定绘制方向完成绘制，梁绘制完成后，显示为粉色，如图 3-9 所示。

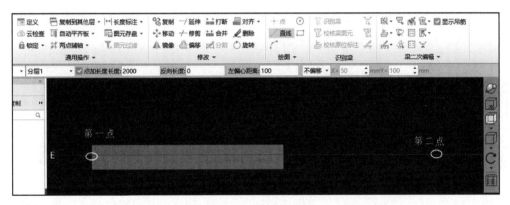

图 3-9　直线绘制梁

（2）三点弧绘制：利用上方菜单栏绘图页签下"三点弧"命令绘制梁：依次单击构成弧形梁的三个轴网交点，即可绘制弧形梁，如图 3-10 所示。

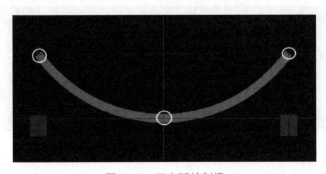

图 3-10　三点弧绘制梁

（3）智能布置：采用工具"智能布置"，以轴线、墙轴线、墙中心线、条基轴线、条基中心线等方式批量布置，如图 3-11 所示。

图 3-11　智能布置绘制梁

2. 修改梁

运用对齐、偏移、拉伸等工具，以及梁二次编辑工具可对梁进行修改，如图 3-12 所示。

3. 梁的原位标注

（1）定义梁的时候，采用梁的集中标注，主要含梁的通长筋和箍筋，对于梁支座处钢筋及跨中架立筋等钢筋均未设置，该部分钢筋须在梁的原位标注中进行设置，如图 3-13 所示。单击"梁二次编辑"工具栏"原位标注"，直接在梁构件原位矩形框内进行原位标注信息输入，依次完成梁的所有原位标注输入。

图 3-12　修改梁命令

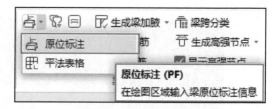

图 3-13　梁的原位标注命令

以⑤轴的 KL9（第 2、3 跨）为例，如图 3-14 所示 KL9 梁的原位标注，单击工具栏"原位标注"，选择图元⑤轴 KL9，在构件两侧的原位矩形框内分别输入对应的钢筋原位标注信息，如图 3-15 所示。原位标注完成后，梁的颜色由原来的粉色变为绿色。

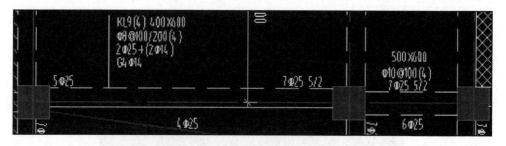

图 3-14　梁的原位标注信息示意图

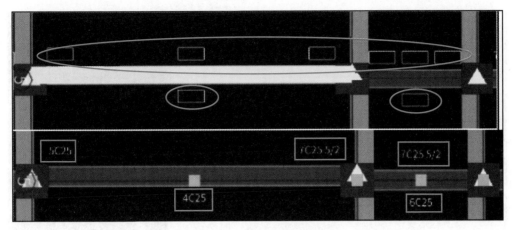

图 3-15 梁的原位标注输入

（2）梁的平法表格：运用"梁二次编辑"工具栏中"原位标注"，勾选显示梁平法表格，在梁平法表格内也可进行原位标注信息输入。如⑤轴的 KL9，第 3 跨截面尺寸变为 500×600，在平法表格中按原位标注对截面尺寸及箍筋信息进行修改，如图 3-16 所示。原位标注成功的梁将显示为绿色。

KL9		分层1		☑显示梁平法表格	备注：勾选即显示，不勾选即隐藏						

梁平法表格

复制跨数据　粘贴跨数据　输入当前列数据　删除当前列数据　页面设置　调换起始跨　悬臂钢筋代号

名称	跨号	构件尺寸(mm)		上部钢筋			下部钢筋	侧面钢筋	箍筋	肢数
		跨长	截面(B*H)	左支座钢筋	跨中钢筋	右支座钢筋	下部钢筋	侧面通长筋		
KL9	1	(5750)	(400*600)	4Φ25			4Φ25	G4Φ14	Φ8@100/200(4)	4
	2	(6900)	(400*600)	5Φ25		7Φ25 5/2	4Φ25		Φ8@100/200(4)	4
	3	(2700)	500*600		7Φ25 5/2		6Φ25		Φ10@100(4)	4
	4	(6900)	(400*600)	7Φ25 5/2			4Φ25		Φ8@100/200(4)	4

图 3-16 梁的平法表格

4. 布置吊筋或附加箍筋

运用"梁二次编辑"工具栏中"生成吊筋"，可完成吊筋批量生成。如图 3-17 所示，根据本工程梁平面图中的说明，主、次梁相交处主梁在次梁两侧附加箍筋，每侧各 3d@50，直径及肢数同梁箍筋，梁高相同时，每道梁两侧均加附加箍筋。附加箍筋生成设置、操作示意如图 3-18 所示。本案例工程首层梁附加箍筋布置完成如图 3-19 所示。

5. 主次梁相交处主梁在次梁两侧附加箍筋，每侧各3d@50，
d直径及肢数同梁箍筋。梁高相同时，每道梁两侧均加附加箍筋同上。

图 3-17 图纸中梁附加箍筋说明

附加箍筋（吊筋）修改，如①轴 KL5 与 L1 相交处，附加箍筋直径应为 10mm，运用"梁二次编辑"工具栏下拉选择"查改吊筋"，选择需修改的附加箍筋，将 6C8 改为 6C10，如图 3-20 所示。

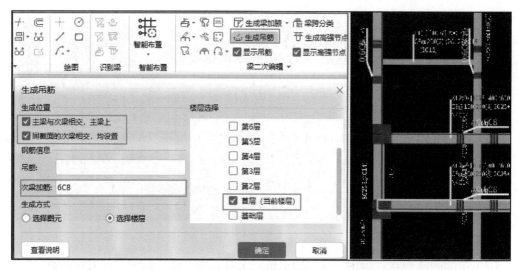

图 3-18 附加箍筋（吊筋）生成设置

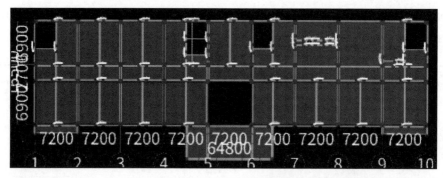

图 3-19 首层梁附加箍筋

图 3-20 查改附加箍筋（吊筋）

5. 工程量汇总计算及工程量查看

利用菜单"工程量"对首层构件汇总计算或选中图元汇总计算，核对梁土建工程量及钢筋工程量。

查看 ① 轴 KL5 土建工程量，如图 3-21 所示。

查看 ① 轴 KL5 钢筋工程量，如图 3-22 所示。

图 3-21　查看梁土建工程量

图 3-22　查看梁钢筋工程量

【任务检测】

（1）汇总计算本案例工程首层梁构件，提取 L13 的土建工程量及钢筋工程量，将电算结果填入表 3-1。

表 3-1　工程量计算详表

构件名称	土建工程量		钢筋工程量					
	计量单位	工程量	钢筋号	根数	直径	图　　形		工程量
L13								

（2）列式计算 L13 的混凝土清单工程量，与电算结果进行核对。

学习笔记

评价反馈

首层梁绘制与计量任务的学习情况评价与反馈，可参照表 3-2 进行。

表 3-2 首层梁的绘制与计量任务学习评价表

序号	评价项目	评价标准或内容	满分	评价			综合得分
				自评	互评	师评	
1	工作任务成果	（1）梁的属性定义正确； （2）梁的绘制操作正确； （3）梁的工程量计算正确； （4）梁的清单列项正确； （5）梁的工程量提取正确	30				
2	工作过程	（1）严格遵守工作纪律，自觉开展任务； （2）积极参与教学活动，按时提交工作成果； （3）积极探究学习内容，具备拓展学习能力； （4）积极配合团队工作，形成团结协作意识	20				
3	工作要点总结		30				
4	学习感悟		20				
	小　计		100				

成果检测

　　汇总计算本案例工程首层梁构件工程量，编制首层梁混凝土分部分项工程量清单，填入表 3-3。

表 3-3　分部分项工程量清单表

序号	项目编码	项目名称	项 目 特 征	计量单位	工程量

项目 4 首层板与楼梯的绘制与计量

项目描述

能依据本案例工程建筑施工图和结构施工图、《建设工程工程量清单计价规范》(GB 50500—2013)、《房屋建筑与装饰工程工程量计算规范》(GB 50854—2013)、国家建筑标准设计图集《混凝土结构施工图平面整体表示方法制图规则和构造详图（现浇混凝土框架柱、剪力墙、梁、板）》(16G101-1)，利用软件手工建模完成首层板和楼梯的定义与绘制，并计算其土建工程量和钢筋工程量。

本项目包括四个工作任务：板的属性定义、板的绘制与计算、楼梯的属性定义和楼梯的绘制与计算。

本项目建议学时：8 学时。

任务 4.1 板的属性定义

【任务目标】

（1）会依据本案例工程二层板平面图完成本工程首层现浇楼板的属性定义，如截面尺寸、板钢筋信息等。

（2）会依据《房屋建筑与装饰工程工程量计算规范》(GB 50854—2013)完成首层现浇楼板的构件做法套用。

（3）培养学生严谨细致、精益求精的工匠精神。

【任务操作】

1. 现浇板的属性定义

（1）新建现浇板

选择导航树中"板"文件夹下的"板"构件，将目标构件定位至首层"板"，新建现浇板，图纸中现浇楼板信息说明如图 4-1 所示。在"属性列表"栏中完成板厚、标高等参数信息的输入，如图 4-2 所示。

说明：1.图中未注明板厚均为120，未注明板钢筋均为Φ8@200，
未注明的板顶标高均随层高，图中未注明板均为LB1。

图 4-1　板的说明

图 4-2　板的属性定义

（2）现浇板板筋定义

① 板的受力筋定义：在导航树中打开"板"文件夹，选择"板受力筋"，单击"新建板受力筋"，根据 LB1 的钢筋信息 B:X&YΦ8@200，在"属性列表"中定义，如图 4-3 所示。

② 板的负筋定义：在导航树中打开"板"文件夹，选择"板负筋"，新建板负筋。本工程二层板平面图中板负筋信息均为原位标注。以②轴上板筋为例，在"属性列表"中定义板负筋 C8@200、C10@200 等，根据图纸负筋原位标注输入左、右长度标注信息，注意标注是否含支座尺寸，如图 4-4 所示。

③ 跨板受力筋定义：在导航树中选择"板受力筋"，单击"新建跨板受力筋"，在"属性列表"中输入跨板受力筋的钢筋信息以及左、右出边距离，如图 4-5 所示。

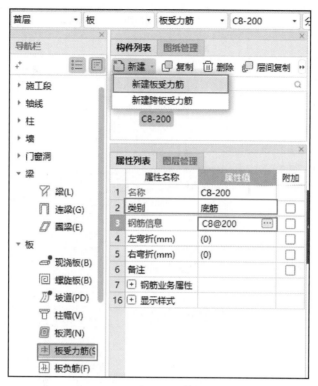

图 4-3 板受力筋的定义

图 4-4 板负筋的定义

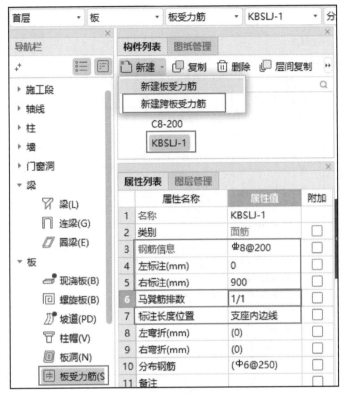

图 4-5　跨板受力筋的定义

④ 马凳筋定义：如果图纸注明现浇楼板浇筑前设有马凳筋，需要在属性定义栏中对马凳筋进行定义。如马凳筋信息为：$\Phi 8@1000*1000$，L1=L3=100，L2=80，在现浇板的"属性列表"中下拉"钢筋业务属性"，单击"马凳筋参数"右侧矩形框，弹出马凳筋设置对话框，选择相应马凳筋图形，并输入钢筋信息，操作如图 4-6 所示。本工程因采用垫块，所以无须设置马凳筋。

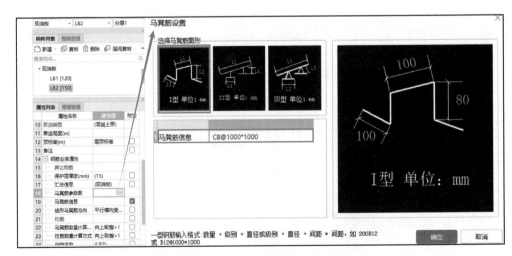

图 4-6　马凳筋的定义

（3）构件做法套用

添加清单，查询匹配清单。以板厚为 120mm 的 LB1 为例，双击有梁板或手动输入清单编号"010505001001"（有梁板）、"011702014001"（有梁板 模板），并完成项目特征填写，如图 4-7 所示。

图 4-7 板做法套用

2. 板洞定义

根据图纸中板洞尺寸，进行板洞定义，如图 4-8 所示。

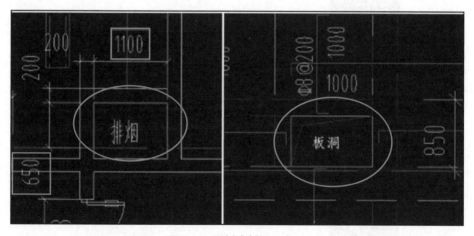

图 4-8 图纸中板洞示意图

选择导航树中"板"文件夹下的"板洞"，楼层栏将目标构件定位至首层"板"，单击构建列表 → 新建 → 新建矩形板洞，如图 4-9 所示。

【任务检测】

（1）如图 4-10 所示，拓展完成本案例工程首层后浇带的定义，操作提示如图 4-11 所示。

提示

导航栏"其他"→"后浇带"→构件列表"新建"→"新建后浇带"。

图 4-9　板洞定义

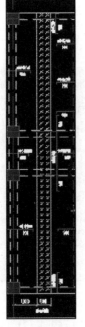

图 4-10　图纸中后浇带

图 4-11　后浇带定义

（2）写出板负筋与跨板受力筋标注位置属性设置操作流程。

板负筋标注位置属性包括"板中间支座负筋标注是否含支座""单边标注支座负筋标注长度位置"。

跨板受力筋标注位置属性是"跨板受力筋标注长度位置"。

学习笔记

任务 4.2 板的绘制与计算

【任务目标】

（1）会运用"点""直线"或"矩形"等多种绘图命令或智能布置命令进行楼板的绘制。

（2）会根据本案例工程二层板平面图完成首层楼板的绘制。

（3）会根据本案例工程二层板平面图完成首层现浇楼板钢筋的布置。

（4）会利用软件完成首层现浇板的土建工程量及钢筋工程量的计算。

（5）培养学生探究学习的能动性和分析解决问题的能力。

微课：板的定义　　微课：板的定义
　　及绘制 1　　　　　及绘制 2

【任务操作】

1. 板的绘制

（1）现浇板及板洞绘制

利用上方菜单栏绘图页签下"点"画命令，在封闭区域内空白处单击，进行现浇板的绘制，如图 4-12 所示。如果板的标高与周围板不同，可选中需要修改标高的板，在"属性"中修改。根据板洞尺寸，运用"点"画命令完成板洞的绘制，如图 4-13 所示。

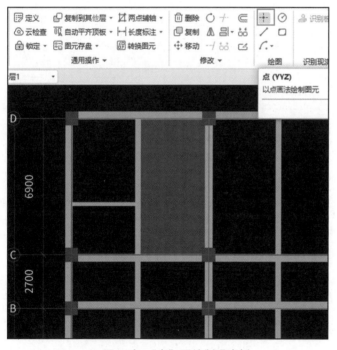

图 4-12　"点"画绘制现浇板

图 4-13　板洞的绘制

（2）板受力筋绘制

单击上方菜单栏"板受力筋二次编辑"中"布置受力筋"，下方出现绘制受力筋时的辅助命令，左侧命令为布置的范围，中间命令为布置的方向，右侧命令为放射筋的布置，如图 4-14 所示。

微课：板底筋
的定义及绘制

图 4-14　板受力筋布置命令

以板 LB2 为例，图纸钢筋标注信息如图 4-15 所示，采用"单板"布置，在弹出的"智能布置"弹窗中，选择"XY 向布置"，钢筋信息输入底筋 X 向为 C10@200，Y 向为 C10@150，面筋 X、Y 向均为 C10@200，单击选中需要布置受力筋的板，右击确认，板受力筋布置如图 4-16 所示。

图 4-15　LB2 标注示意图

图 4-16　板受力筋布置

（3）跨板受力筋绘制

布置跨板受力筋时，单击"布置受力筋"绘制受力筋，在辅助命令中选择"单板"，根据图纸中的钢筋方向选择"垂直"，单击选中要布置跨板受力筋的板，如图 4-17 所示。

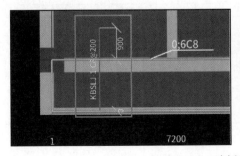
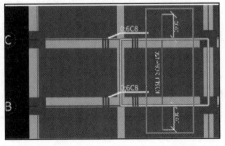

图 4-17　跨板受力筋的绘制

（4）板负筋绘制

布置板负筋时，单击上方菜单栏中的"布置负筋"命令，下方出现辅助绘制命令，如图4-18所示，可根据实际布筋情况选择绘制方式。"画线布置"布置负筋操作如图4-19所示。"按板边布置"布置负筋操作如图4-20所示。

微课：板面筋的定义及绘制

图 4-18　板负筋布置命令

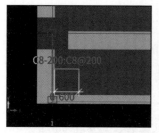

图 4-19　板负筋绘制
（画线布置）

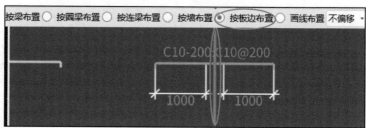

图 4-20　板负筋绘制（按板边布置）

2. 板的工程量汇总计算及工程量查看

通过菜单"工程量"对首层构件进行汇总计算，或选中图元汇总计算，查看核对板土建工程量及钢筋工程量。

查看⑤轴LB2的土建工程量，如图4-21所示。

查看构件图元工程量　　　　　　也可以查看"做法工程量"

构件工程量　做法工程量

◉清单工程量　○定额工程量　☑显示房间、组合构件量　☑只显示标准层单层量　□显示施工段归类

楼层	名称	是否叠合板后浇	混凝土强度等级	体积(m³)	底面模板面积(m²)	侧面模板面积(m²)	数量(块)	投影面积(m²)	平台贴墙长度(m)	超高模板面积(m²)	超高侧面模板面积(m²)
首层	LB2 [150]	否	C30	9.779	61.655	0	1	32.965	0	49.375	0
			小计	9.779	61.655	0	1	32.965	0	49.375	0
		小计		9.779	61.655	0	1	32.965	0	49.375	0
	小计			9.779	61.655	0	1	32.965	0	49.375	0
	合计			9.779	61.655	0	1	32.965	0	49.375	0

图元明细 1 (1)

构件名称	位置
1 LB2	<5+3600,A-2875>

图 4-21　板的土建工程量查看

查看报表中的钢筋报表量，LB2 板的钢筋明细如图 4-22 所示。

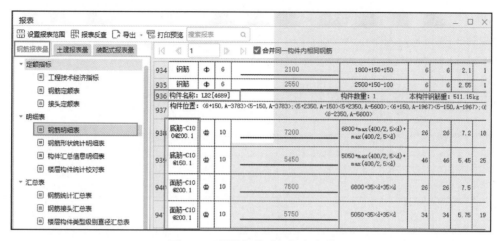

图 4-22 板的钢筋明细报表查看

【任务检测】

（1）根据图纸绘制本工程首层后浇带，并编制该后浇带混凝土工程分部分项工程量清单，填入表 4-1。

表 4-1 分部分项工程量清单表

序号	项目编码	项目名称	项目特征	计量单位	工程量

（2）汇总查看 LB4 的土建工程量及钢筋工程量，将电算结果填入表 4-2。

表 4-2 工程量计算详表

构件名称	土建工程量		钢筋工程量					
	计量单位	工程量	钢筋类别	根数	直径	图　　形		工程量
LB4			底筋 X					
			底筋 Y					

（3）列式计算首层后浇带的混凝土清单工程量，与电算结果进行核对。

学习笔记

任务 4.3　楼梯的属性定义

【任务目标】

（1）会依据本案例工程的楼梯施工图完成本案例工程首层 1#（3#）楼梯的属性定义。

（2）会依据《房屋建筑与装饰工程工程量计算规范》(GB 50854—2013）完成楼梯的构件做法套用。

（3）会拓展完成 2# 楼梯属性定义及构件做法套用。

（4）培养学生勇于克难、积极探究的钻研精神。

【任务操作】

1. 正确识读 1# 楼梯详图

通过读图，明确 1# 楼梯的平面位置、类型、尺寸以及楼梯中配置的钢筋信息，楼梯梯柱 TZ 的位置及截面信息如图 4-23 所示。

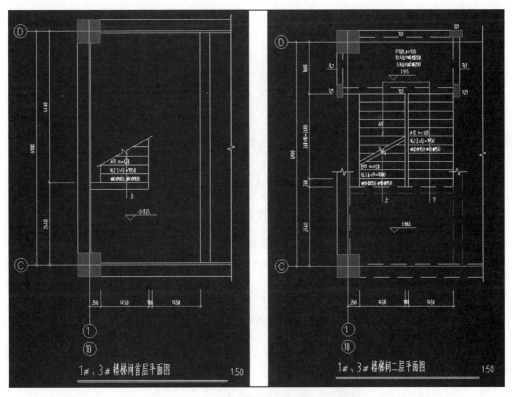

图 4-23　1#（3#）楼梯的平面大样图

2. 新建楼梯

在楼层切换栏选择"首层楼梯"，一般可采用参数化楼梯进行处理，依次单击"构件列表"→"新建"→"新建参数化楼梯"，如图 4-24 所示。

图 4-24　新建参数化楼梯

　　软件内置八种参数化楼梯，选择图纸对应形式的参数图，根据梯梁、梯段板及平台板结构详图与标注说明，调整输入楼梯的相关参数，可完成参数化楼梯的定义，如图 4-25 所示。参数化楼梯三维显示如图 4-26 所示。

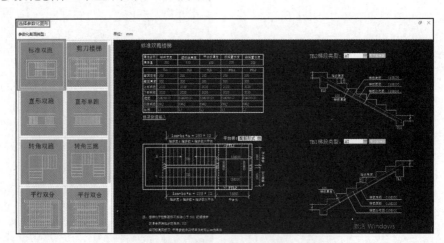

图 4-25　参数化楼梯定义

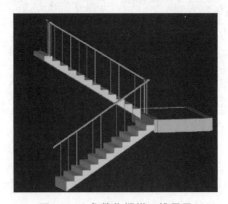

图 4-26　参数化楼梯三维显示

3. 新建本案例工程 1# 楼梯

本案例工程 1# 楼梯为板式楼梯，且平台板宽出梯段，不适合参数化新建楼梯。根据本工程楼梯间图样特点，考虑软件计算楼梯土建工程量和钢筋工程量的需要，根据板式楼梯组成的构件，按下列步骤分别进行定义和绘制：

• 梯柱 → 按框架柱绘制计算

• 梯梁 → 按框架梁（非框架梁）绘制计算

• 平台板和梯段斜板 $\left\{\begin{array}{l}\text{土建工程量：新建 LT1 并绘制计算}\\\text{钢筋工程量：运用表格算量计算}\end{array}\right.$

（1）梯柱 TZ1 属性定义（方法参照框架柱）

如图 4-27 所示，根据 1# 楼梯中 TZ1 的截面详图，新建矩形柱 TZI，在"属性列表"栏进行截面编辑，如图 4-28 所示。构件做法套用，添加清单，操作方法同框架柱属性定义，如图 4-29 所示。

> **提示**
>
> 梯柱属性定义，注意标高调整。

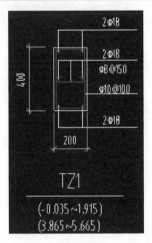

图 4-27 TZ1 截面示意图

（2）梯梁 TL1 属性定义（操作方法参照框架梁）

如图 4-30 所示，根据 1# 楼梯中 TL1 的截面详图，新建矩形梁 TL1，进行属性定义（截面尺寸及钢筋信息），如图 4-31 所示。构件做法套用，添加清单，操作方法同框架梁属性定义（注意标高），如图 4-32 所示。

（3）新建 LT1（1# 楼梯）

① LT1 构件做法定义

在导航栏中选择"楼梯"→ 楼梯，在"构件列表"中单击新建 → 新建楼梯（LT1），并完成构件做法清单套取，如图 4-33 所示。

② 梯板 AT1（钢筋信息定义）

在菜单栏单击"工程量"→"表格算量"，定义梯段板和平台板的钢筋信息。

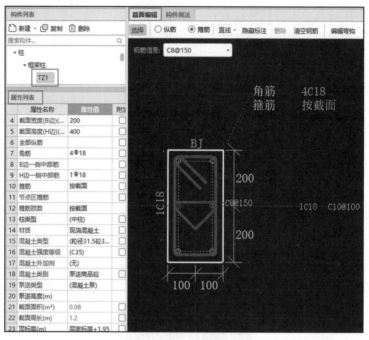

图 4-28　TZ1 截面编辑

图 4-29　TZ1 构件做法套用

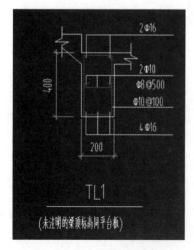

图 4-30　TL1 截面示意图

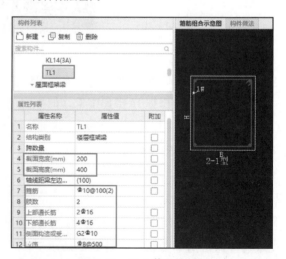

图 4-31　TL1 截面编辑

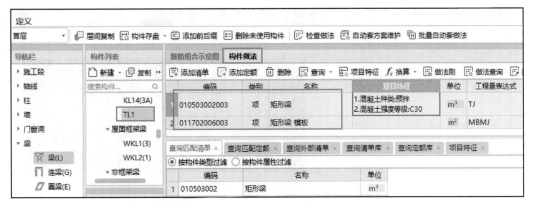

图 4-32 TL1 构件做法套用

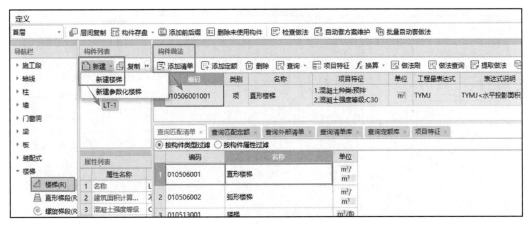

图 4-33 LT1 构件做法定义

流程如下：依次单击"表格算量"→"钢筋"→"构件"→重命名构件 1 为"AT1 或 PTB"→"参数输入"，操作如图 4-34 所示。

图 4-34 表格算量定义构件

依据本案例工程楼梯详图，在"图集列表"中选择相应的楼梯类型，在图形显示区进行楼梯信息输入，如图 4-35 所示。

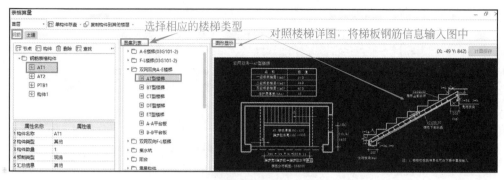

图 4-35　表格算量定义梯板 AT1

在图形显示区完成梯段板 AT1 的表格算量钢筋参数输入，如图 4-36 所示。

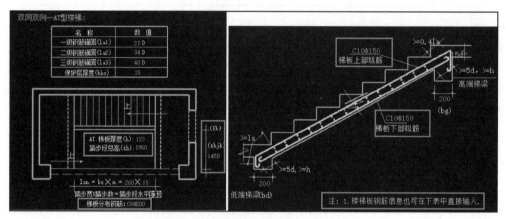

图 4-36　表格算量梯板 AT1 参数输入

在图形显示区输入 AT1 参数后，单击"计算保存"即可完成构件钢筋工程量计算，如图 4-37 所示。梯板 AT2 的定义方法同 AT1。

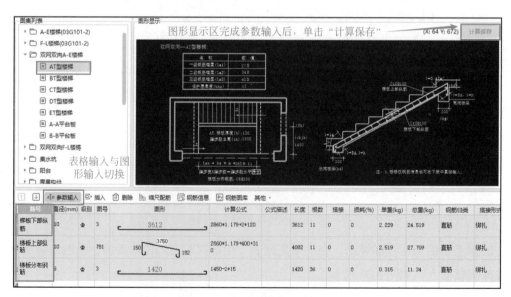

图 4-37　表格算量 AT1 计算

（4）平台板 PTB1（钢筋信息定义）

单击菜单栏"工程量"→"表格算量"，根据 1# 楼梯二层平面详图，如图 4-38 所示，定义梯段板和平台板的钢筋信息。

流程如下：依次单击"表格算量"→"钢筋"→"钢筋表格构件"，构件 1 重命名为PTB1→ 单击"参数输入"，操作如图 4-39 所示。

图 4-38　1# 楼梯平面示意图　　　　　　　图 4-39　表格算量新建 PTB1

在平台板 PTB1 的表格算量图形显示区输入板厚及板筋信息参数，如图 4-40 所示。

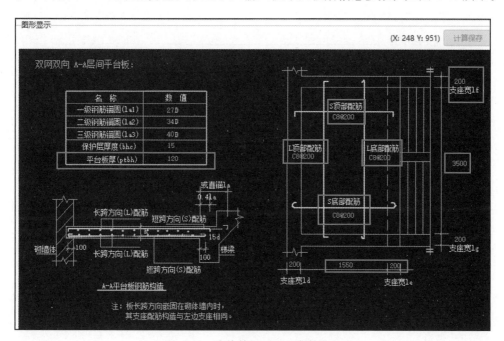

图 4-40　表格算量 PTB1 参数输入

在图形显示区输入 PTB1 参数后，单击"计算保存"即可完成平台板钢筋工程量计算，如图 4-41 所示。

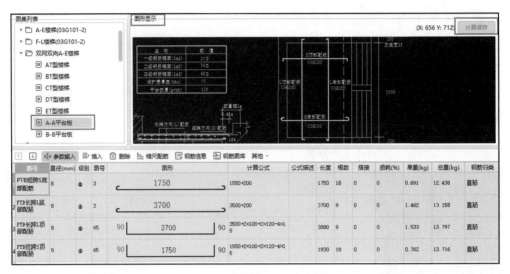

图 4-41   表格算量 PTB1 计算

【任务检测】

（1）拓展完成本案例工程 2# 楼梯的属性定义。

_____

_____

_____

_____

_____

（2）总结新建楼梯、新建参数化楼梯、新建直行梯段的区别。

_____

_____

_____

_____

_____

_____

学习笔记

任务 4.4 楼梯的绘制与计算

【任务目标】

（1）会运用"点""矩形"或"直线"等多种绘图命令或智能布置命令，完成首层 1# 楼梯构件（梯柱 TZ、梯梁 TL 及楼梯 LT1）的绘制。

（2）会完成首层 1# 楼梯构件（梯柱 TZ、梯梁 TL 及楼梯 LTI）的工程量汇总计算。

（3）培养学生善于发现问题、分析问题和解决问题的能力。

【任务操作】

1. 梯柱 TZ1 的绘制与计算

（1）根据 1# 楼梯间二层平面大样图中 TZI 的位置，通过"点"画完成楼梯梯柱的绘制，绘制方法同框架柱，如图 4-42 所示。绘制完成后及时三维显示并查看核对，如图 4-43 所示。

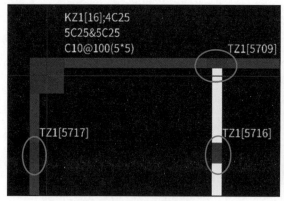

图 4-42　绘制 TZ1　　　　　　　　图 4-43　TZ1 三维显示

（2）对首层 1# 楼梯柱工程量进行汇总计算，并查看工程量。在菜单"工程量"汇总计算或选中图元汇总计算，查看 1# 楼梯首层梯柱 TZ1 土建清单工程量，如图 4-44 所示。

查看 1# 楼梯首层梯柱 TZ1 钢筋明细如图 4-45 所示，钢筋工程量如图 4-46 所示。

			工程量名称						
楼层	混凝土强度等级	名称	周长(m)	体积(m³)	模板面积(m²)	超高模板面积(m²)	数量(根)	脚手架面积(m²)	高度(m)	截面面积(m²)
1 首层	C35	TZ1	3.6	0.4836	6.91	0	3	0	6.045	0.24
2		小计	3.6	0.4836	6.91	0	3	0	6.045	0.24
3	小计		3.6	0.4836	6.91	0	3	0	6.045	0.24
4	合计		3.6	0.4836	6.91	0	3	0	6.045	0.24

图 4-44　1# 楼梯 TZ1 土建工程量

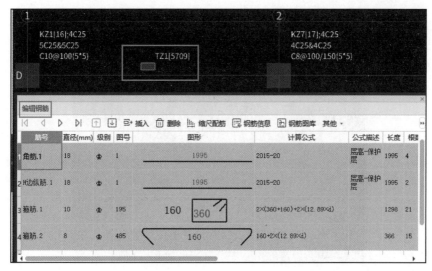

图 4-45　1# 楼梯 TZ1 钢筋明细

查看钢筋量

楼层名称	构件名称	钢筋总重量 （kg）	HRB400			
			8	10	18	合计
首层 1# 楼梯	TZ1[5709]	45.528	2.175	16.821	26.532	45.528
	TZ1[5716]	45.528	2.175	16.821	26.532	45.528
	TZ1[5717]	45.528	2.175	16.821	26.532	45.528
	合计：	136.584	6.525	50.463	79.596	136.584

钢筋总重量（kg）：136.584

图 4-46　1# 楼梯 TZ1 钢筋工程量

2. 梯梁 TL1 绘制与计算

梯梁的绘制方法同框架梁，采用直线绘图方式完成，绘制完成后可三维显示检查核对，如图 4-47 所示。

工程量汇总计算，查看 1# 楼梯 TL1 钢筋工程量明细如图 4-48 所示。1# 楼梯 TL1 土建工程量图 4-49 所示。

3. 绘制 LT1 及计算 1# 楼梯土建工程量

根据楼梯间平面大样图，采用"直线"绘图命令绘制 LT1，如图 4-50 所示。

微课：参数化楼梯的定义及绘制

汇总计算 LT1，并查看工程量，1# 楼梯土建清单工程量如图 4-51 所示。

4. 查看楼梯梯段板及平台板钢筋信息明细

1# 楼梯的梯段板 AT1、AT2 和平台板 PTB1 的钢筋量可在表格算量中查看提取，或在报表的钢筋构件信息明细表中查看，如图 4-52 所示。

微课：楼梯钢筋的表格算量

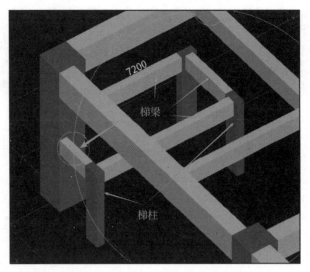

图 4-47 TL1 和 TZ1 三维显示

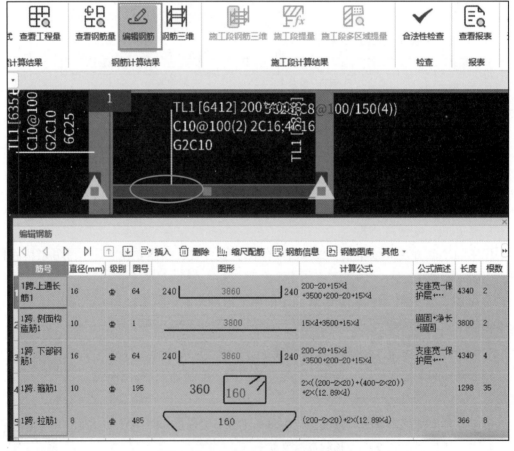

图 4-48 1# 楼梯 TL1 钢筋统计明细

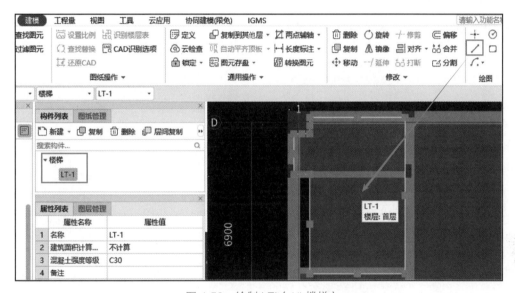

楼层	名称	混凝土强度等级	土建汇总类别	体积(m³)	模板面积(m²)	超高模板面积(m²)	脚手架面积(m²)	截面周长(m)	梁净长(m)	轴线长度(m)	梁侧面积(m²)
1	首层	TL1	C30	梁	0.704	8.8	0	0	4.8	8.8	10.9	5
2				小计	0.704	8.8	0	0	4.8	8.8	10.9	5.
3			小计		0.704	8.8	0	0	4.8	8.8	10.9	5.
4			小计		0.704	8.8	0	0	4.8	8.8	10.9	5
5			合计		0.704	8.8	0	0	4.8	8.8	10.9	5

图 4-49　1# 楼梯 TL1 土建工程量

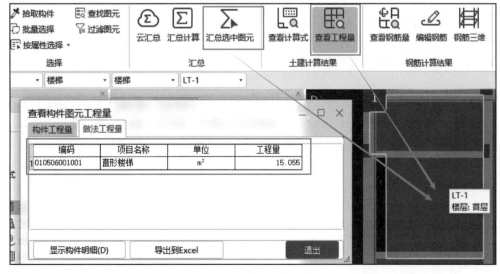

图 4-50　绘制 LTI（1# 楼梯）

编码	项目名称	单位	工程量
1	010506001001	直形楼梯	m²	15.055

图 4-51　1# 楼梯土建工程量

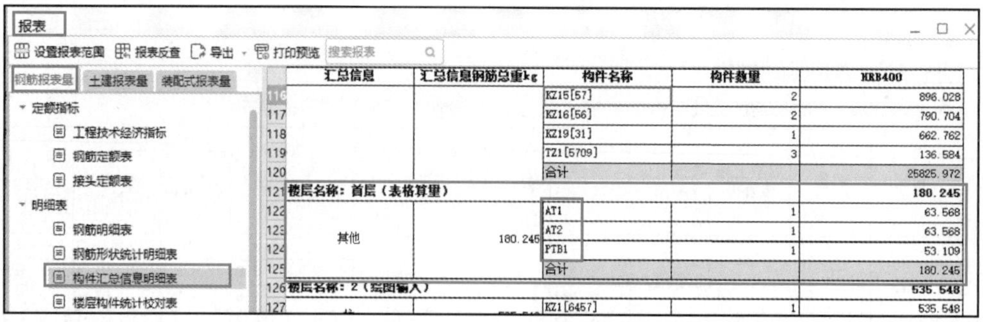

图 4-52 1# 楼梯的梯段板及平台板钢筋信息明细

【任务检测】

（1）编制本案例工程首层钢筋混凝土楼梯分部分项工程量清单，填入表 4-3。

表 4-3 分部分项工程量清单表

序号	项目编码	项目名称	项目特征	计量单位	工程量

（2）列式计算本案例工程首层 1# 楼梯的混凝土清单工程量，与电算结果进行核对。

学习笔记

评价反馈

首层板与楼梯绘制与计量任务的学习情况评价与反馈，可参照表 4-4 进行。

表 4-4　首层板与楼梯的绘制与计量任务学习评价表

序号	评价项目	评价标准或内容	满分	评　价			综合得分
				自评	互评	师评	
1	工作任务成果	（1）楼板的属性定义正确； （2）楼板的绘制操作正确； （3）楼板的清单列项正确； （4）楼板的工程量提取正确； （5）梯柱、梯梁的绘制操作正确； （6）楼梯的工程量计算正确	30				
2	工作过程	（1）严格遵守工作纪律，自觉开展任务； （2）积极参与教学活动，按时提交工作成果； （3）积极探究学习内容，具备拓展学习能力； （4）积极配合团队工作，形成团结协作意识	20				
3	工作要点总结		30				
4	学习感悟		20				
	小　计		100				

成果检测

　　汇总计算本案例工程首层梁板构件工程量，编制首层梁板混凝土分部分项工程量清单，填入表 4-5。

表 4-5　分部分项工程量清单表

序号	项目编码	项目名称	项 目 特 征	计量单位	工程量

项目 5　首层墙与门窗的绘制与计量

项目描述

能依据本案例工程建筑施工图和结构施工图、《建设工程工程量清单计价规范》（GB 50500—2013）、《房屋建筑与装饰工程工程量计算规范》（GB 50854—2013），利用软件手工绘制墙和门窗构件，完成本工程首层墙及门窗的土建算量。

本项目包括四个任务：墙的属性定义、墙的绘制与计算、门窗、墙洞的属性定义和门窗、墙洞的绘制与计算。

本项目建议学时：4 课时。

任务 5.1　墙的属性定义

【任务目标】

（1）会依据案例工程的建筑设计说明、一层平面图完成本案例工程首层墙体属性定义，如厚度、材质、砂浆类型及强度等级等。

（2）会依据《房屋建筑与装饰工程工程量计算规范》（GB 50854—2013）完成墙清单套取。

（3）培养学生依据图纸信息准确定义属性的能力。

【任务操作】

本节的任务是新建墙。

按照图纸中墙类型新建对应的构件，以首层外墙为例。

（1）打开软件选择首层，依次单击墙构件列表 → 新建 → 砌体墙，软件中提供了"内墙""外墙""虚墙""异形墙""参数化墙"及"轻质隔墙"六种类型，满足软件中不同种类墙体要求，单击选择"新建外墙"。

调整墙属性：在构件"属性列表"中录入设计说明、一层平面图中外墙的厚度、材质、砂浆类型及强度等级、起（终）点的底（顶）标高等信息。

（2）构件做法：添加清单，查询匹配清单，双击砌块墙或手动输入清单编号"010402 001001"（砌块墙），并完成项目特征填写。

按上述方法完成首层所有墙体的属性定义，如图 5-1 所示。

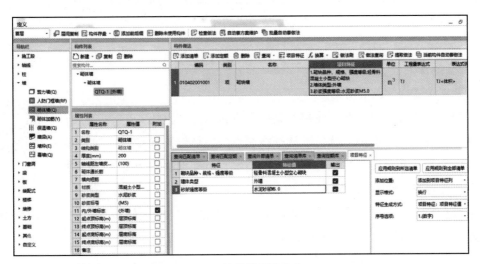

图 5-1 墙体的属性定义

【任务检测】

拓展完成 100mm 厚轻质隔墙的定义。

> **提示**
>
> 通过构件列表→新建→新建轻质隔墙→定义隔墙厚度、材质等。

_____

_____

_____

学习笔记

_____

_____

_____

_____

任务 5.2 墙的绘制与计算

【任务目标】

（1）会运用"直线"绘制墙体命令及智能布置命令，进行墙体的绘制。

（2）依据本工程一层平面图完成首层墙体的布置。

【任务操作】

1. 采用"直线"式绘制墙体

作为线式构件，可以在"建模"菜单下直接采用"直线"工具进行布置，在绘制墙体的过程中，软件默认轴线交点为墙体绘制起点，且轴线即为墙体中心线。针对墙有一侧与柱对齐的情况，可在墙居中布置后，按对齐命令与柱对齐，如图 5-2 所示。

微课：墙体的
定义及绘制

或者在选中轴线交点后，通过快捷键 Shift + 鼠标左键输入偏移值，直接将墙体偏移到与柱对齐位置进行绘制，如图 5-3 所示。

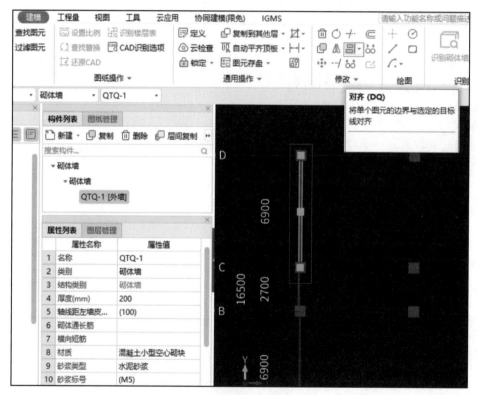

图 5-2 墙体与柱对齐

本案例工程外墙外边线均与柱外侧边线对齐，内墙与轴线的位置关系较为多样，按上述方法可逐一完成全部墙体的绘制，需要查看图中各墙名称信息，可按快捷键 Shift + Q 显示墙构件名称。

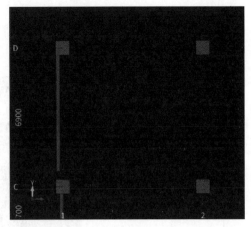

（a）偏移前　　　　　　　　　　　　（b）偏移后

图 5-3　墙体偏移

2. 采用智能布置命令绘制墙

在主菜单"建模"对应工具栏中单击"智能布置"工具，弹出多种智能布置模式，可根据实际需要选择按轴线、条基轴线、条基中心线、梁轴线、梁中心线等方式进行快速智能布置，如图 5-4 所示。

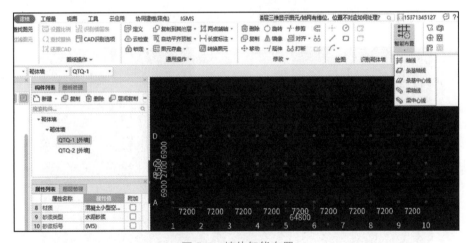

图 5-4　墙体智能布置

以按轴线布置为例，按住鼠标左键框选需要布置墙的轴线区域后，松开鼠标左键，在框选范围轴线上显示智能布置成功，右击结束或按 ESC 键取消，之后可使用对齐命令完成对齐，如图 5-5 所示。

由于该项目一层墙体呈居中对称形式，可选择绘制好的一侧墙体，使用镜像命令完成镜像复制。复制后，在"是否删除原来的图元"对话框中选择"否"，如图 5-6 所示。

注意

　　在墙上部有梁的情况下，墙的起（终）点顶标高均应为顶梁底标高。

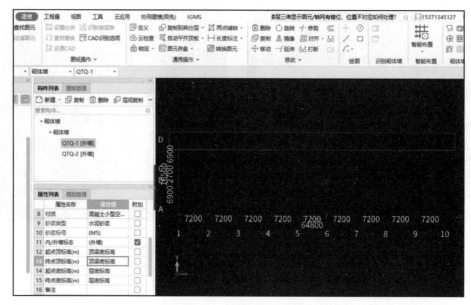

图 5-5　按轴线布置墙体

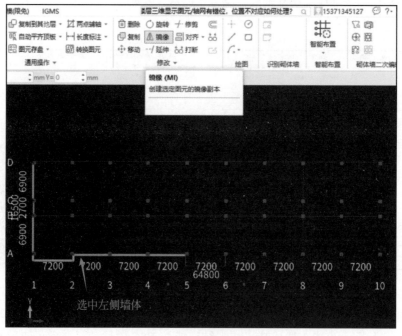

图 5-6　墙体镜像复制

3. 工程量汇总计算查看

在菜单"工程量"进行汇总计算，或选中图元汇总计算，对首层墙体土建工程量进行查看核对。

可在土建计算结果栏查看计算式及查看工程量。图 5-7 为在不扣除门窗、墙洞等情况下的内、外墙工程量信息。

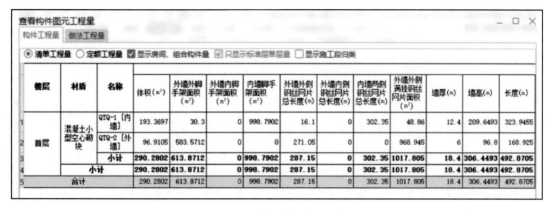

图 5-7　墙体土建工程量汇总

【任务检测】

（1）汇总查看 ① 轴外墙及 ② 轴内墙的土建工程量，将电算结果填入表 5-1。

表 5-1　工程量计算详表

构件名称	土建工程量		
	计量单位	计　算　式	工程量
① 轴外墙			
② 轴内墙			

（2）列式计算本案例工程首层 ① 轴的外墙清单工程量，与电算结果进行核对。

学习笔记

任务 5.3 门窗、墙洞的属性定义

【任务目标】

（1）会依据案例工程的一层平面图、立面图和门窗统计表完成本案例工程首层门窗、墙洞的属性定义。

（2）会依据《房屋建筑与装饰工程工程量计算规范》（GB 50854—2013）完成门窗清单套取。

（3）培养学生认识不同类型门窗，并基本了解其热工和声学特性的能力。

【任务操作】

1. 新建门

以首层门为例，按照图纸中门类型新建对应的构件。

（1）打开软件选择首层，"门窗洞构件列表"→"门"→"新建"中提供了"矩形门""异形门""参数化门""标准化门"四种类型，满足软件中不同种类门的建立要求，单击选择"新建矩形门"。

调整门属性：在构件"属性列表"中，录入图纸门窗表中防火门 FM 丙 1223 的洞口宽度、洞口高度、离地高度等信息。

（2）构件做法：添加清单，查询匹配清单，双击钢质防火门，或手动输入清单编号"010802003001"（钢质防火门），并完成项目特征填写。

按上述方法完成首层所有门的属性定义，如图 5-8 所示。

2. 新建窗

以首层窗为例，按照图纸中窗类型新建对应的构件。

（1）打开软件选择首层，"门窗洞构件列表"→"窗"→"新建"中提供了"矩形窗""异形窗""参数化窗""标准窗"四种类型，满足软件中不同种类窗的建立要求，单击选择"新建矩形窗"。

调整窗属性：在构件"属性列表"中，录入图纸门窗表中窗 C2322 的洞口宽度、洞口高度、离地高度等信息。其中，离地高度可在 1~10 轴立面图中查看。

（2）构件做法：添加清单，查询匹配清单，双击金属（塑钢、断桥）窗或手动输入清单编号"010807001001"（金属塑钢、断桥窗），并完成项目特征填写。

按此方法完成首层所有窗的属性定义，如图 5-9 所示。

3. 新建墙洞

按照图纸中（图 5-10）墙洞类型新建对应的构件，以首层墙洞为例。

（1）打开软件选择首层，"门窗洞构件列表"→"墙洞"→"新建"中提供了"矩形墙洞""异形墙洞"两种类型，满足软件中不同种类墙洞的建立要求，单击选择"新建矩形墙洞"。

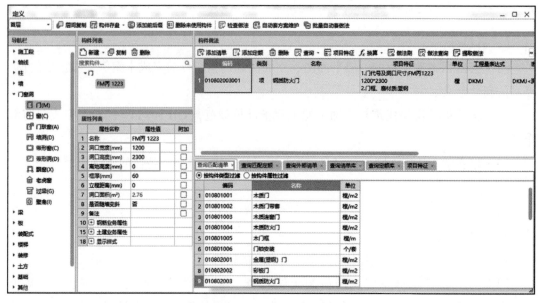

图 5-8　门的属性定义

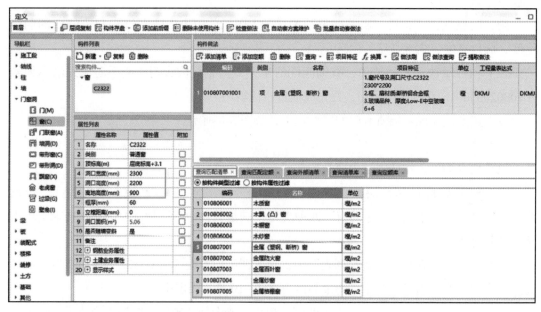

图 5-9　窗的属性定义

调整墙洞属性：在构件"属性列表"中，录入一层平面图中墙洞的洞口宽度、洞口高度、离地高度等信息，如图 5-11 所示。

（2）墙洞无须添加构件做法。

【任务检测】

拓展完成如图 5-12 所示异形门的网格定义。

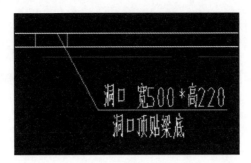

图 5-10 墙洞的信息

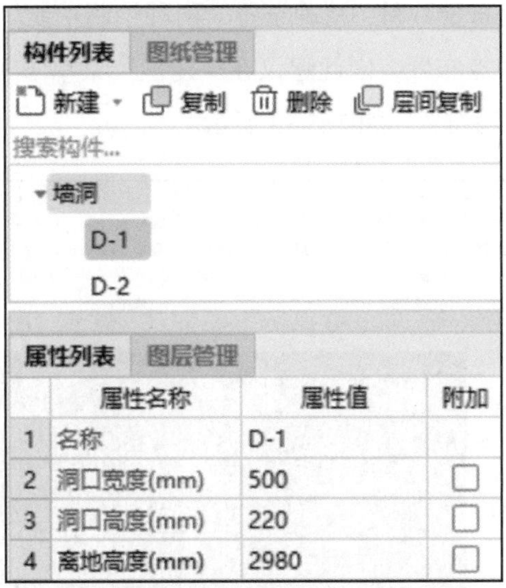

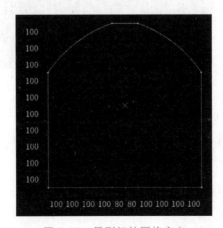

图 5-11 墙洞的属性定义

图 5-12 异形门的网格定义

提示

单击构件列表→新建→新建异形门→根据数据设置网格→采用直线和三点弧绘制等。

任务 5.4 门窗、墙洞的绘制与计算

【任务目标】

（1）会运用"精确布置"绘制门窗命令进行门窗、墙洞的绘制。

（2）会依据本工程一层平面图完成首层门窗、墙洞的布置。

【任务操作】

1. 采用"精确布置"绘制门窗、墙洞

软件中提供了"智能布置"和"精确布置"两种绘制功能。其中，"智能布置"仅支持在墙段中点布置，因此建议在"建模"菜单下采用"精确布置"工具进行门窗、墙洞布置，如图 5-13 所示。

微课：门窗的
定义及绘制

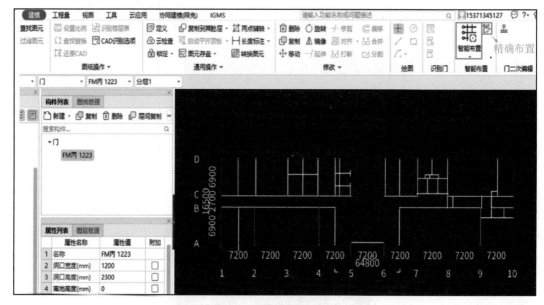

图 5-13 门的精确布置

以钢质防火门 FM 丙 1223 为例，采用"精确布置"工具，选择相邻内墙交点为参考点，输入向左的偏移量 200mm，即可精确布置钢质防火门 FM 丙 1223，如图 5-14 所示。

其中，偏移量是指门靠近参考点的一端离参考点的距离。

2. 工程量汇总计算查看

在"工程量"菜单进行汇总计算，或选中图元汇总计算，对首层门窗工程量进行查看核对。

可在门窗构件计算结果栏中查看工程量。图 5-15 为门的工程量汇总，图 5-16 为窗的工程量汇总，图 5-17 为墙洞的工程量汇总。

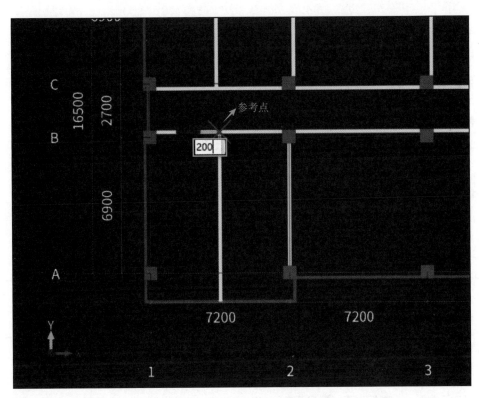

图 5-14　门精确布置的参考点选择

查看构件图元工程量

构件工程量　做法工程量

◉ 清单工程量　○ 定额工程量　☑ 显示房间、组合构件量　☑ 只显示标准层单层量　□ 显示施工段归类

楼层	名称	工程量名称						
		洞口面积（m²）	框外围面积（m²）	数量(樘)	洞口三面长度(m)	洞口宽度(m)	洞口高度(m)	洞口周长(m)
首层	FM丙0621	1.26	1.26	1	4.8	0.6	2.1	5.4
	FM丙0821	1.68	1.68	1	5	0.8	2.1	5.8
	FM丙1223	8.28	8.28	3	17.4	3.6	6.9	21
	FM甲1023	4.2	4.2	2	10.4	2	4.2	12.4
	FM乙1221	2.52	2.52	1	5.4	1.2	2.1	6.6
	FM乙1223	5.52	5.52	2	11.6	2.4	4.6	14
	M0823	5.52	5.52	3	16.2	2.4	6.9	18.6
	M0923	3.78	3.78	2	10.2	1.8	4.2	12
	M1023	18.4	18.4	8	44.8	8	18.4	52.8
	M1223	19.32	19.32	7	40.6	8.4	16.1	49
	MM1523	9.45	9.45	3	17.1	4.5	6.3	21.6
	TLM1121	4.62	4.62	2	10.6	2.2	4.2	12.8
	小计	**84.55**	**84.55**	**35**	**194.1**	**37.9**	**78.1**	**232**
合计		84.55	84.55	35	194.1	37.9	78.1	232

图 5-15　门的工程量汇总

查看构件图元工程量

构件工程量　做法工程量

◉ 清单工程量　○ 定额工程量　☑ 显示房间、组合构件量　☑ 只显示标准层单层量　☐ 显示施工段归类

楼层	名称	工程量名称						
		洞口面积（m²）	框外围面积（m²）	数量（樘）	洞口三面长度（m）	洞口宽度（m）	洞口高度（m）	洞口周长（m）
1	首层	C2322	80.96	80.96	16	107.2	36.8	35.2	144
2		C2322-1	75.9	75.9	15	100.5	34.5	33	135
3		C2322-2	4.84	4.84	1	6.6	2.2	2.2	8.8
4		C3015	4.5	4.5	1	6	3	1.5	9
5		**小计**	**166.2**	**166.2**	**33**	**220.3**	**76.5**	**71.9**	**296.8**
6	合计		166.2	166.2	33	220.3	76.5	71.9	296.8

图 5-16　窗的工程量汇总

查看构件图元工程量

构件工程量　做法工程量

◉ 清单工程量　○ 定额工程量　☑ 显示房间、组合构件量　☑ 只显示标准层单层量　☐ 显示施工段归类

楼层	名称	工程量名称					
		洞口面积（m²）	数量（个）	洞口三面长度（m）	洞口宽度（m）	洞口高度（m）	洞口周长（m）
1	首层	D-1	0.66	6	5.64	3	1.32	8.64
2		D-2	0.066	1	0.74	0.3	0.22	1.04
3		D-3	0.1728	3	2.16	0.72	0.72	2.88
4		D-4	0.378	1	1.74	0.9	0.42	2.64
5		D-5	0.4725	1	2.05	1.35	0.35	3.4
6		D-6	0.0572	1	0.7	0.26	0.22	0.96
7		D-7	0.126	1	1.02	0.42	0.3	1.44
8		D-8	0.09	1	0.9	0.3	0.3	1.2
9		D-9	1.08	2	4.2	1.8	1.2	6
10		**小计**	**3.1025**	**17**	**19.15**	**9.05**	**5.05**	**28.2**
11	合计		3.1025	17	19.15	9.05	5.05	28.2

图 5-17　墙洞的工程量汇总

【任务检测】

　　汇总查看二层门 M1023 和窗 C2319 的构件工程量，编制门 M1023 和窗 C2319 的工程量清单报表，填入表 5-2，并将工程量汇总计算结果填入表 5-3。

表 5-2 分部分项工程量清单表

序号	项目编码	项目名称	项 目 特 征	计量单位	工程量

表 5-3 工程量汇总表

构件名称	构件工程量	
	面 积	数量 / 樘
M1023		
C2319		

学习笔记

评价反馈

首层墙及门窗绘制与计量任务的学习情况评价与反馈，可参照表 5-4 进行。

表 5-4　首层墙及门窗的绘制与计量任务学习评价表

序号	评价项目	评价标准或内容	满分	评价			综合得分
				自评	互评	师评	
1	工作任务成果	（1）墙体、门窗、墙洞的属性定义正确； （2）墙体、门窗、墙洞的绘制操作正确； （3）墙体、门窗、墙洞工程量计算正确； （4）墙体、门窗、墙洞的清单列项正确； （5）墙体、门窗、墙洞工程量提取正确	30				
2	工作过程	（1）严格遵守工作纪律，自觉开展任务； （2）主动参与教学活动，按时提交工作成果； （3）自主探究学习内容，具备拓展学习能力； （4）积极配合团队工作，形成团结协作意识	20				
3	工作要点总结		30				
4	学习感悟		20				
	小　计		100				

成果检测

汇总计算本案例工程首层墙体工程量，编制首层墙体砌筑分部分项工程量清单，填入表 5-5。

表 5-5 分部分项工程量清单表

序号	项目编码	项目名称	项 目 特 征	计量单位	工程量

项目 6　首层二次构件的绘制与计量

项目描述

能依据本案例工程建筑施工图和结构施工图、《建设工程工程量清单计价规范》（GB 50500—2013）、《房屋建筑与装饰工程工程量计算规范》（GB 50854—2013）、国家建筑标准设计图集《混凝土结构施工图平面整体表示方法制图规则和构造详图（现浇混凝土框架柱、剪力墙、梁、板）》（16G101-1），利用软件手工绘制二次构件（构造柱、过梁、圈梁等），完成本工程首层二次构件的土建算量。

本项目包括两个工作任务：二次构件（构造柱、过梁、圈梁）的属性定义，二次构件（构造柱、过梁、圈梁）的绘制与计算。

本项目建议学时：4课时。

任务 6.1　二次构件的属性定义

【任务目标】

（1）会依据本案例工程的结构设计说明、一层平面图完成本案例工程首层二次构件（构造柱、过梁、圈梁等）的属性定义，依据《房屋建筑与装饰工程工程量计算规范》（GB 50854—2013）完成二次构件清单套取。

（2）培养学生能够依据图纸信息准确定义构造柱、过梁等二次构件的能力。

【任务操作】

1. 新建构造柱

按照图纸中关于构造柱设置的要求新建对应的构件，以首层构造柱为例，如图 6-1 所示。

（1）打开软件选择首层，在"柱构件列表"→"构造柱"→"新建"中提供了"矩形构造柱""圆形构造柱""异形构造柱"及"参数化构造柱"四种类型，满足软件中设置不同种类构造柱要求，单击选择"新建矩形构造柱"。

> 4. 砌体墙应设置构造柱,其平面定位见建筑图(如果建筑图未表示,设置部位按以下原则),具体要求如下:
> (1) 构造柱设置部位:未与剪力墙或柱拉结的墙体端部;隔墙拐角处;宽度≥2.1m的门窗等洞口两侧;沿墙长构造柱间隔一般≤4m(楼梯间周边尚应不大于层高);砌筑在悬挑板、悬挑梁、支撑在悬挑梁的边梁上的填充墙,构造柱间距应≤3米;砌体女儿墙、带形窗下墙等顶端为自由端的填充墙构造柱间距应≤2.5m。
> (2) 构造柱截面:墙厚×墙厚(沿墙长度方向应≥200),纵筋4 Φ12,箍筋Φ6 @200(在楼层上下各600范围内箍筋间距为100)。
> (3) 宽度<2.1 的门窗等洞口两侧应设抱框柱,抱框柱截面为墙厚×100,纵筋为2 Φ12,拉筋(S形)为Φ6 @200。
> (4) 应先砌筑填充墙并预留马牙槎,后浇筑构造柱、抱框柱混凝土。构造柱、抱框柱顶部可采用干硬性混凝土捣实。

图 6-1　构造柱图纸说明

调整构造柱属性:在构件"属性列表"中录入结构设计说明中构造柱的截面尺寸、马牙槎设置及宽度、全部纵筋及箍筋、底(顶)标高等信息。

(2)构件做法:添加清单,查询匹配清单,双击构造柱和构造柱模板,或手动输入清单编号 010502002001(构造柱)、011702003001(构造柱-模板),并完成项目特征填写。

按此方法完成首层所有构造柱的属性定义,如图 6-2 所示。

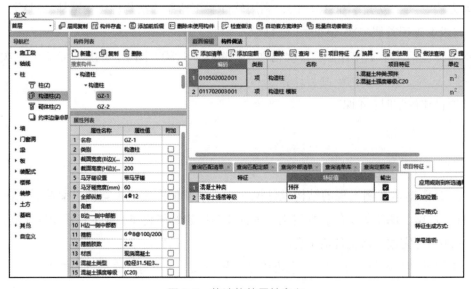

图 6-2　构造柱的属性定义

2. 新建过梁

以首层过梁为例,按照图纸中关于过梁设置的要求新建对应的构件,如图 6-3 所示。

(1)打开软件选择首层,在"柱构件列表"→"过梁"→"新建"中提供了"矩形过梁""异形过梁"及"标准过梁"三种类型,满足软件中设置不同种类过梁要求,单击选择"新建矩形过梁"。

根据图 6-3 中过梁信息调整过梁属性:在构件"属性列表"中录入结构设计说明中过梁的截面尺寸、上下部纵筋、箍筋及肢数、伸入墙内长度等信息。

3. 填充墙中门窗、设备管箱等洞口顶应设置过梁,位置见建筑图,按下表选用。当洞口紧贴剪力墙、柱时,施工主体结构时,应按相应的过梁配筋,在剪力墙、柱内应预留插筋,做法见图集12 G614-1第10页。当洞口宽度较大或洞净高、支座长度等受到限制无法设置过梁时,按图六.3设置挂板,并与主体结构同时施工。当防火卷帘顶部需设挂板时,挂板的平面位置、标高见建筑图,做法与此相同。

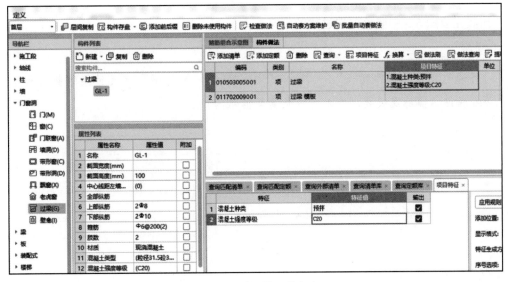

洞口宽度L	过梁长度	h	①	②	③
L≤900	L×2 x300	100	2Φ10	2Φ8	Φ6@200
900<L≤1500		150	2Φ12	2Φ8	Φ6@200
1500<L<1800		200	2Φ14	2Φ8	Φ6@150
1800≤L<2400		250	2Φ16	2Φ10	Φ8@200
2400≤L<3000	L×2 x350	300	2Φ18	2Φ10	Φ8@200
3000<L≤4500		350	3Φ18	2Φ10	Φ8@150

图 6-3　过梁图纸说明

（2）构件做法：添加清单，查询匹配清单，双击过梁和过梁模板，或手动输入清单编号 010503005001（过梁）、011702009001（过梁－模板），并完成项目特征填写。

按上述方法完成首层所有过梁的属性定义，如图 6-4 所示。

![图6-4 过梁的属性定义界面]

图 6-4　过梁的属性定义

3. 新建圈梁

按照图纸中关于圈梁设置的要求新建对应的构件，以首层圈梁为例，如图 6-5 所示。

16. 当填充墙高>4 m时,应在墙体半高处或洞口顶设通长圈梁,截面为墙厚X150,4 Φ12纵筋,Φ8@200箍筋。纵筋应与相连剪力墙、柱、构造柱的预留插筋焊接或搭接。

图 6-5　圈梁图纸说明

由于首层层高为 3.9m，首层净高小于 3.9m，故首层未设置圈梁。圈梁的属性定义与过梁类似，如图 6-6 所示。

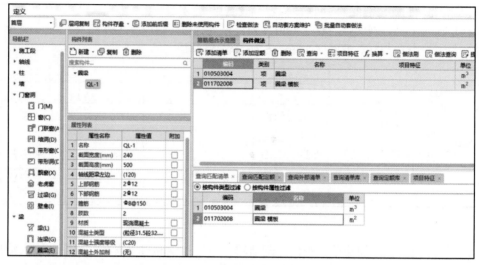

图 6-6　圈梁的属性定义

【任务检测】

拓展完成图 6-3 中蓝色框选过梁的定义。

提示

　　可通过单击"构件列表"→"新建"→"新建矩形过梁"定义过梁的截面尺寸、上下部纵筋、箍筋及肢数、伸入墙内长度等信息。

学习笔记

任务 6.2　二次构件的绘制与计算

【任务目标】

（1）会运用"生成构造柱"绘制构造柱的命令进行构造柱、抱框柱的绘制。

（2）会运用"生成过梁"绘制过梁的命令进行过梁的绘制。

（3）会运用"生成圈梁"绘制圈梁的命令进行圈梁的绘制。

（4）依据本工程一层平面图、结构设计说明完成首层主要二次构件的布置。

【任务操作】

1. 采用"生成构造柱"绘制构造柱

绘制构造柱时，可以在"建模"菜单下直接采用"生成构造柱"工具进行布置，需要根据结构设计说明中关于构造柱设置的要求进行设置，例如构造柱设置部位、构造柱截面、抱框柱信息等，如图 6-7 所示。

微课：构造柱的定义及绘制

在"生成构造柱"参数框中，完成构造柱布置位置、构造柱属性、抱框柱属性信息的输入，在"生成方式"中"选择楼层→首层"，单击"确定"按钮，如图 6-8 所示。构造柱生成之后的三维图如图 6-9 所示。

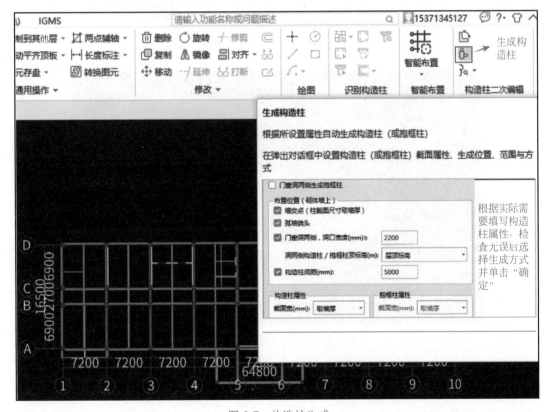

图 6-7　构造柱生成

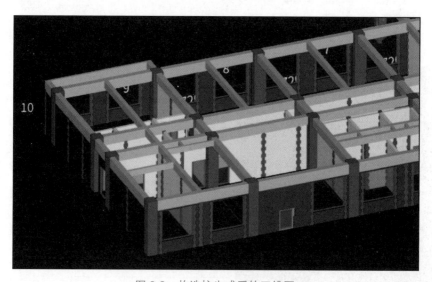

图 6-8　生成构造柱参数框

图 6-9　构造柱生成后的三维图

2. 采用"生成过梁"绘制过梁

绘制过梁时，可以在"建模"菜单下直接采用"生成过梁"工具进行布置，需要根据结构设计说明中关于过梁设置的要求进行设置，例如过梁

微课：过梁的
定义及绘制

长度、过梁厚度、过梁配筋信息等，如图 6-10 所示。

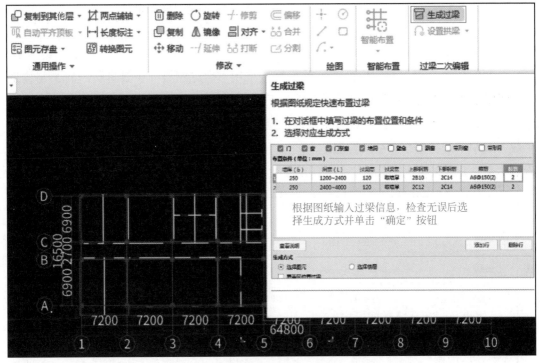

图 6-10 过梁的生成

在"生成过梁"的参数框中完成过梁布置位置、布置条件信息的输入，当过梁设置分多种不同情况时，选择"添加行"增加布置条件，在生成方式中"选择楼层"→"首层"，单击"确定"按钮，完成过梁生成，如图 6-11 所示。

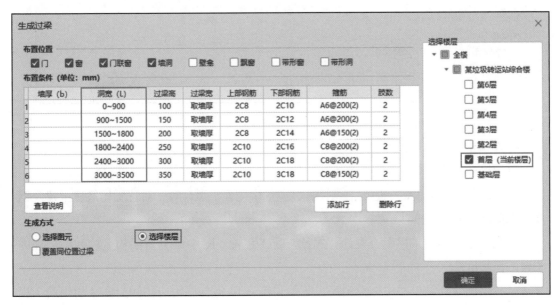

图 6-11 "生成过梁"参数框

注意

窗洞上方是否有过梁，需要根据层高和上方梁高共同判定后确定。

3. 采用"生成圈梁"绘制圈梁

绘制圈梁时，可以在"建模"菜单下直接采用"生成圈梁"工具进行布置，与构造柱、过梁类似。需要根据结构设计说明中关于圈梁设置的要求进行设置，例如圈梁生成位置、圈梁属性信息等。当圈梁设置分多种不同情况时，选择"添加行"增加布置条件，在生成方式中"选择楼层"→"首层"，单击"确定"按钮，可完成圈梁生成（由于首层未设置圈梁，此处未生成），如图 6-12 所示。

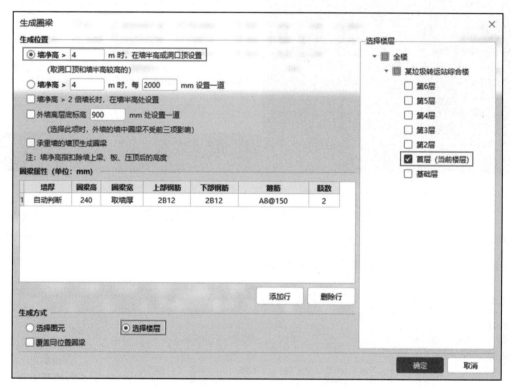

图 6-12 "生成圈梁"参数框

4. 工程量汇总计算查看

（1）构造柱

可通过菜单"工程量"进行汇总计算，或选中图元汇总计算，对首层构造柱土建及钢筋工程量进行查看、核对。

可在土建计算结果栏中查看计算式及查看工程量。图 6-13 为首层构造柱和抱框柱的土建工程量信息。

可在钢筋计算结果栏中查看钢筋工程量。图 6-14 为首层构造柱和抱框柱的钢筋工程量信息（局部）。

查看构件图元工程量

构件工程量　做法工程量

◉ 清单工程量 ○ 定额工程量 ☑ 显示房间、组合构件量 ☑ 只显示标准层单层量 □ 显示施工段归类

	楼层	名称	混凝土强度等级	工程量名称						
				周长(m)	体积(m^3)	模板面积(m^2)	超高模板面积(m^2)	数量(根)	截面面积(m^2)	高度(m)
1	首层	BK-1	C20	39.6	5.6396	100.912	0	66	1.32	203.2
2			**小计**	**39.6**	**5.6396**	**100.912**	**0**	**66**	**1.32**	**203.2**
3		GZ-1	C20	70.4	16.0618	175.6252	4.6718	88	3.52	299.149
4			**小计**	**70.4**	**16.0618**	**175.6252**	**4.6718**	**88**	**3.52**	**299.149**
5		**小计**		**110**	**21.7014**	**276.5372**	**4.6718**	**154**	**4.84**	**502.349**
6	合计			110	21.7014	276.5372	4.6718	154	4.84	502.349

图 6-13　构造柱和抱框柱的土建工程量汇总

查看钢筋量

导出到Excel □ 显示施工段归类

钢筋总重量（kg）：2422.793

	楼层名称	构件名称	钢筋总重量（kg）	HPB300		HRB400	
				6	合计	12	合计
77	首层	GZ-1[3059]	20.454	3.618	3.618	16.836	16.836
78		GZ-1[3060]	20.454	3.618	3.618	16.836	16.836
79		GZ-1[3061]	20.454	3.618	3.618	16.836	16.836
80		GZ-1[3062]	20.454	3.618	3.618	16.836	16.836
81		GZ-1[3063]	20.81	3.618	3.618	17.192	17.192
82		GZ-1[3064]	20.81	3.618	3.618	17.192	17.192
83		GZ-1[3065]	20.454	3.618	3.618	16.836	16.836
84		GZ-1[3066]	20.81	3.618	3.618	17.192	17.192
85		GZ-1[3067]	20.454	3.618	3.618	16.836	16.836
86		GZ-1[3068]	20.454	3.618	3.618	16.836	16.836
87		GZ-1[3069]	20.81	3.618	3.618	17.192	17.192
88		GZ-1[3070]	20.454	3.618	3.618	16.836	16.836
89		BK-1[2983]	9.49	1.428	1.428	8.062	8.062
90		BK-1[2984]	9.49	1.428	1.428	8.062	8.062
91		BK-1[2985]	9.49	1.428	1.428	8.062	8.062
92		BK-1[2986]	9.49	1.428	1.428	8.062	8.062

图 6-14　构造柱和抱框柱的钢筋工程量汇总

（2）过梁

可通过菜单“工程量”进行汇总计算，或选中图元汇总计算，对首层过梁土建及钢筋工程量进行查看核对。

可在土建计算结果栏中查看计算式及查看工程量。图 6-15 为首层过梁的土建工程量信息。

图 6-15　过梁的土建工程量汇总

可在钢筋计算结果栏中查看钢筋工程量。图 6-16 为首层过梁的钢筋工程量信息（局部）。

楼层名称	构件名称	钢筋总重量（kg）	HPB300		HRB400					
			6	合计	8	10	12	16	18	合计
1	GL-1[2909]	3.722	1.192	1.192	0.988	1.542				2.53
2	GL-1[2911]	3.722	1.192	1.192	0.988	1.542				2.53
3	GL-1[2912]	3.722	1.192	1.192	0.988	1.542				2.53
4	GL-1[2913]	3.722	1.192	1.192	0.988	1.542				2.53
5	GL-1[2915]	3.924	1.192	1.192	1.066	1.666				2.732
6	GL-1[2916]	3.924	1.192	1.192	1.066	1.666				2.732
7	GL-1[2940]	3.169	1.043	1.043	0.83	1.296				2.126
8	GL-2[2908]	4.629	1.225	1.225	1.026		2.378			3.404
9	GL-2[2910]	5.984	1.75	1.75	1.304		2.93			4.234
10	GL-2[2914]	5.297	1.575	1.575	1.146		2.576			3.722
11	GL-2[2917]	5.332	1.4	1.4	1.188		2.744			3.932
12	GL-2[2918]	5.297	1.575	1.575	1.146		2.576			3.722

查看钢筋量　　导出到Excel　显示施工段归类　钢筋总重量（kg）：663.964

图 6-16　过梁的钢筋工程量汇总

【任务检测】

（1）汇总查看 D 轴构造柱（含抱框柱）和过梁的工程量，将电算结果填入表 6-1。

表 6-1　工程量汇总表

构件名称	土建工程量		钢筋工程量		
	计量单位	工程量	钢筋直径	计量单位	工程量
构造柱（含抱框柱）					
过梁					

（2）列式计算本案例工程首层 D 轴过梁的混凝土清单工程量，与电算结果进行核对。

学习笔记

评价反馈

首层二次构件绘制与计量任务的学习情况评价与反馈,可参照表 6-2 进行。

表 6-2　首层二次构件的绘制与计量任务学习评价表

序号	评价项目	评价标准或内容	满分	评　价			综合得分
				自评	互评	师评	
1	工作任务成果	（1）构造柱、过梁、圈梁的属性定义正确； （2）构造柱、过梁、圈梁的绘制操作正确； （3）构造柱、过梁、圈梁工程量计算正确； （4）构造柱、过梁、圈梁的清单列项正确； （5）过梁的工程量提取正确	30				
2	工作过程	（1）严格遵守工作纪律,自觉开展任务； （2）主动参与教学活动,按时提交工作成果； （3）自主探究学习内容,具备拓展学习能力； （4）积极配合团队工作,形成团结协作意识	20				
3	工作要点总结		30				
4	学习感悟		20				
	小　计		100				

成果检测

　　汇总计算本案例工程首层混凝土构造柱、抱框柱、过梁工程量，编制首层混凝土构造柱、抱框柱、过梁分部分项工程量清单，填入表 6-3。

表 6-3　分部分项工程量清单表

序号	项目编码	项目名称	项 目 特 征	计量单位	工程量

项目 7 首层零星构件的绘制与计量

项目描述

能依据本案例工程建筑施工图和结构施工图、《建设工程工程量清单计价规范》(GB 50500—2013)、《房屋建筑与装饰工程工程量计算规范》(GB 50854—2013)、国家建筑标准设计图集《混凝土结构施工图平面整体表示方法制图规则和构造详图(现浇混凝土框架柱、剪力墙、梁、板)》(16G101-1),利用软件手工绘制零星构件(台阶、坡道、散水等),完成本工程首层零星构件的土建算量。

本项目包括两个工作任务:零星构件(台阶、坡道、散水)的属性定义,零星构件(台阶、坡道、散水)的绘制与计算。

本项目建议学时:2 课时。

任务 7.1 零星构件的属性定义

【任务目标】

(1)会依据本案例工程的建筑设计说明、一层平面图,完成本案例工程首层零星构件(台阶、坡道、散水)的属性定义,依据《房屋建筑与装饰工程工程量计算规范》(GB 50854—2013)完成零星构件清单套取。

(2)培养学生准确定义及绘制台阶、坡道、散水等零星构件的能力。

【任务操作】

1. 新建台阶

按照图纸中关于台阶设置的要求新建对应的构件,以首层1轴左侧台阶为例,如图7-1所示。

(1)打开软件选择首层,"其他构件列表"→"台阶"→"新建"中仅提供了"台阶"一种类型,单击选择"新建台阶"。

调整台阶属性:在构件"属性列表"中录入建筑设计说明中台阶的高度、混凝土强度等级、顶标高等信息。

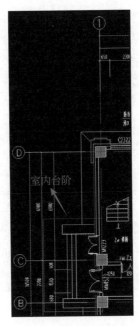

图 7-1 台阶平面示意

（2）构件做法：添加清单，查询匹配清单，双击台阶和石材台阶面，或手动输入清单编号 010507004001（台阶）、011107001001（石材台阶面），并完成项目特征填写。

按上述方法完成首层所有台阶的属性定义，如图 7-2 所示。

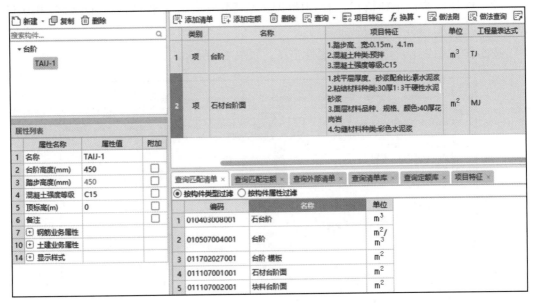

图 7-2 台阶的属性定义

2. 新建坡道

以首层南面室外坡道为例，按照图纸中关于坡道设置的要求新建对应的构件，如图 7-3 所示。

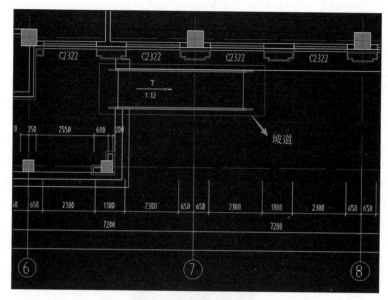

图 7-3　坡道平面示意

（1）打开软件选择首层，"板构件列表"→"坡道"→"新建"中仅提供了"坡道"一种类型，单击选择"新建坡道"。

调整坡道属性：在构件"属性列表"中，根据《建筑无障碍设计》图集做法，录入坡道的纵向和横向钢筋、材质、混凝土类型及强度等级、顶标高等信息。

（2）构件做法：添加清单，查询清单库，双击坡道，或手动输入清单编号 010507 001001（坡道），并完成项目特征填写。

按此方法完成首层室外坡道的属性定义，如图 7-4 所示。

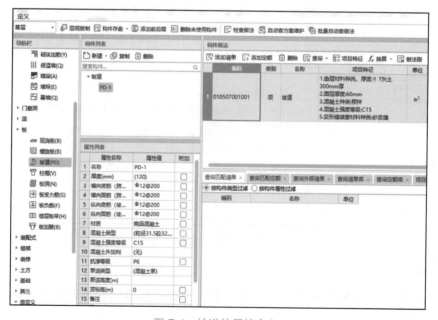

图 7-4　坡道的属性定义

3. 新建散水

以首层室外散水为例（外墙保温层外侧黄色区域），按照图纸中关于散水设置的要求新建对应的构件，如图 7-5 所示。

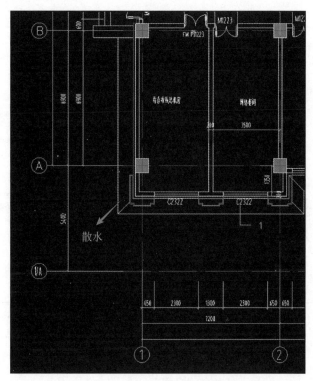

图 7-5　散水平面示意

（1）打开软件选择首层，"其他构件列表"→"散水"→"新建"中仅提供了"散水"一种类型，单击选择"新建散水"。

调整散水属性：在构件"属性列表"中录入建筑设计说明中散水的厚度、材质、混凝土类型和强度等级、顶标高等信息。

（2）构件做法：添加清单，查询匹配清单，双击散水，或手动输入清单编号 010507 004001（台阶）、011107001001（石材台阶面），并完成项目特征填写。

按上述方法完成首层所有台阶的属性定义，如图 7-6 所示。

【任务检测】

拓展完成首层⑩轴右侧台阶的定义。

提示

　　可通过单击构件列表→新建→新建台阶→定义台阶的高度、混凝土强度等级、顶标高等信息等。

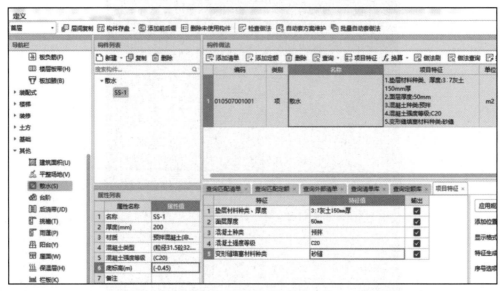

图 7-6　散水属性定义

学习笔记

任务 7.2　零星构件的绘制与计算

【任务目标】

（1）会运用"矩形"命令精确绘制台阶，并进行台阶踏步边的设置。

（2）会运用"坡道二次编辑"以及绘制坡道的命令，进行坡道的绘制。

（3）会运用"矩形"和"智能布置"命令进行散水的绘制。

（4）依据本工程一层平面图、建筑设计说明完成首层主要零星构件的布置。

【任务操作】

1. 采用"矩形"绘制台阶并设置台阶踏步边

在"建模"菜单下，直接采用"矩形"命令绘制台阶，根据台阶的平
面位置，选中合适参照点，按住快捷键 Shift + 鼠标左键确定台阶的两个对
角点，即可用"矩形"命令绘制台阶（尚未设置踏步），如图 7-7 所示。

微课：台阶的
定义及绘制

然后"设置踏步边"，选择需要设置踏步边的台阶一边，右击，输入踏步个数和踏步
宽度，如图 7-8 所示。

根据图纸，本项目还需设置台阶侧向挡墙，可根据外墙详图完成侧向挡墙的绘制，如
图 7-9 所示。

2. 采用"矩形"绘制坡道

在"建模"菜单下，直接采用"矩形"命令绘制坡道，根据坡道的平
面位置，选中合适参照点，按住快捷键 Shift + 鼠标左键确定坡道的两个对
角点，即可用"矩形"命令绘制坡道（尚未设置坡度方向），如图 7-10 所示。

微课：坡道的
定义及绘制

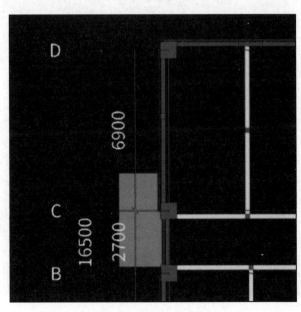

图 7-7　矩形绘制台阶

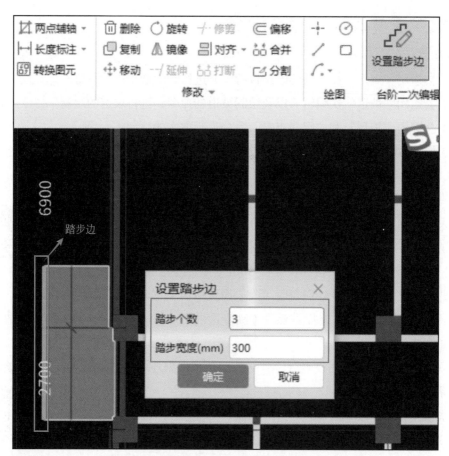

图 7-8　设置台阶踏步

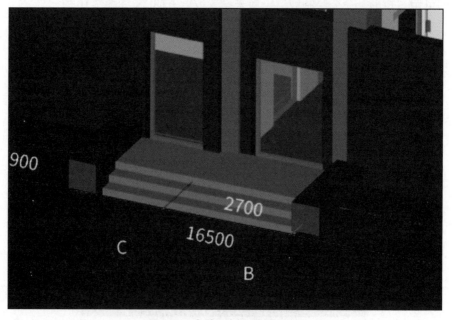

图 7-9　台阶及侧向挡墙示意

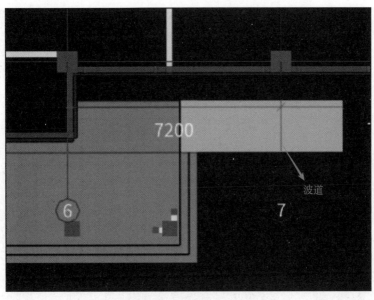

图 7-10　绘制矩形坡道

　　然后"绘制坡度线",选择需要设置坡度线的坡道,选中后设置坡度线第一点和下一点,右击鼠标即可设置坡度线起点和终点的标高。根据图纸中的坡道标高信息完成坡道的绘制,如图 7-11 所示。

　　同时可在坡道两侧设置坡道栏杆,图 7-12 为坡道及其栏杆。

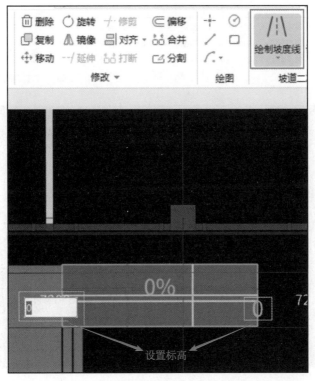

图 7-11　设置坡道坡度

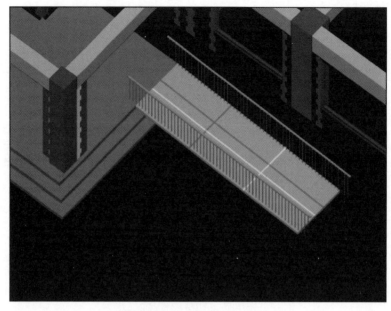

图 7-12 坡道及其栏杆示意

3. 采用"矩形"和"智能布置"绘制散水

在"建模"菜单下，可采用"智能布置"和"矩形"命令绘制散水。其中，"智能布置"仅支持"外墙外边线"一种布置方式，当外墙封闭连续，且外墙外侧仅有散水时，可采用"智能布置"生成散水，如图 7-13 所示。

微课：散水的
定义及绘制

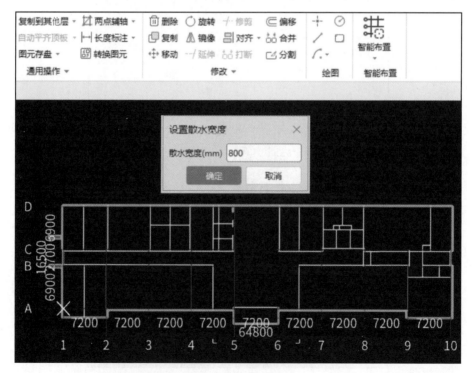

图 7-13 智能布置散水

由于本项目外墙外侧还有台阶和坡道，不适合一次性生成散水，故可采用"矩形"命令，即用类似台阶、坡道的绘制方法完成散水的绘制，如图 7-14 所示。

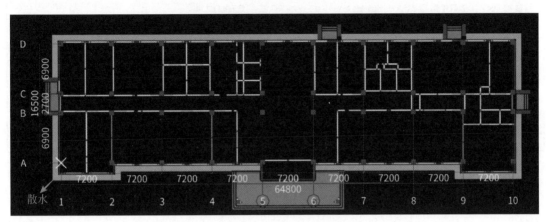

图 7-14　矩形绘制散水

4. 工程量汇总计算查看

（1）台阶

可通过单击"工程量"菜单进行汇总计算，或选中图元汇总计算，对首层台阶土建工程量进行查看、核对。

可在土建计算结果栏查看计算式及工程量。图 7-15 为首层台阶的土建工程量信息。

查看构件图元工程量

构件工程量　　做法工程量

◉ 清单工程量　　○ 定额工程量　☑ 显示房间、组合构件量　☑ 只显示标准层单层量　☐ 显示施工段归类

楼层	混凝土强度等级	名称	工程量名称					
			台阶整体水平投影面积（m²）	体积（m³）	平台水平投影面积（m²）	踏步整体面层面积（m²）	踏步块料面层面积（m²）	踏步水平投影面积（m²）
首层	C15	TAIJ-1	5.67	4.4388	7.974	5.67	12.546	5.67
		TAIJ-2	3.96	3.0294	5.412	3.96	9.258	3.96
		TAIJ-3	22.144	30.4522	59.6248	22.144	41.791	22.144
		小计	31.774	37.9204	73.0108	31.774	63.595	31.774
	小计		31.774	37.9204	73.0108	31.774	63.595	31.774
合计			31.774	37.9204	73.0108	31.774	63.595	31.774

图 7-15　台阶的工程量汇总

（2）坡道

可通过单击"工程量"菜单进行汇总计算，或选中图元汇总计算，对首层坡道土建及钢筋工程量进行查看、核对。

可在土建计算结果栏查看计算式及工程量。图 7-16 为首层坡道的土建工程量信息。

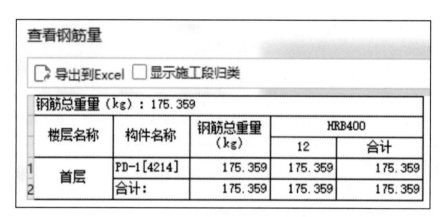

图 7-16　坡道的土建工程量汇总

可在钢筋计算结果栏查看钢筋工程量。图 7-17 为首层坡道的钢筋工程量汇总信息。

查看钢筋量

导出到Excel　□显示施工段归类

钢筋总重量（kg）：175.359

楼层名称	构件名称	钢筋总重量（kg）	HRB400	
			12	合计
首层	PD-1[4214]	175.359	175.359	175.359
	合计：	175.359	175.359	175.359

图 7-17　坡道的钢筋工程量汇总

（3）散水

可通过单击"工程量"菜单进行汇总计算，或选中图元汇总计算，对首层散水土建工程量进行查看、核对。

可在土建计算结果栏查看计算式及查看工程量。图 7-18 为首层散水的土建工程量汇总信息。

微课：将首层构件复制到其他层

微课：修改其他层局部构件及配筋

微课：局部突出楼梯间的定义及绘制

图 7-18　散水的工程量汇总

【任务检测】

（1）将本项目中坡道坡度（1∶12）改为（1∶10），顶底标高不变，只改变坡道长度，重新计算并汇总坡道的工程量，将电算结果填入表 7-1。

表 7-1　工程量计算汇总表

构件名称	土建工程量		钢筋工程量		
	计量单位	工程量	钢筋直径	计量单位	工程量
坡道					

（2）列式计算本案例工程坡道混凝土清单工程量，与电算结果进行核对。

学习笔记

评价反馈

首层零星构件绘制与计量任务的学习情况评价与反馈，可参照表 7-2 进行。

表 7-2　首层零星构件的绘制与计量任务学习评价表

序号	评价项目	评价标准或内容	满分	评价			综合得分
				自评	互评	师评	
1	工作任务成果	（1）台阶、坡道、散水的属性定义正确； （2）台阶、坡道、散水的绘制操作正确； （3）台阶、坡道、散水工程量计算正确； （4）台阶、坡道、散水的清单列项正确； （5）坡道的工程量提取正确	30				
2	工作过程	（1）严格遵守工作纪律，自觉开展任务； （2）主动参与教学活动，按时提交工作成果； （3）自主探究学习内容，具备拓展学习能力； （4）积极配合团队工作，形成团结协作意识	20				
3	工作要点总结		30				
4	学习感悟		20				
	小　计		100				

成果检测

　　汇总计算本案例工程首层台阶、坡道、散水工程量，编制首层台阶、坡道、散水分部分项工程量清单，填入表 7-3。

表 7-3　分部分项工程量清单表

序号	项目编码	项目名称	项 目 特 征	计量单位	工程量

项目 8　屋面工程的绘制与计量

项目描述

能依据本案例工程建筑施工图和结构施工图、《建设工程工程量清单计价规范》(GB 50500—2013)、《房屋建筑与装饰工程工程量计算规范》(GB 50854—2013)、国家建筑标准设计图集《平屋面建筑构造》(12J201)，完成本工程屋顶层新增构件（包括屋顶女儿墙、屋面防水及保温工程等）的绘制与计算。根据国家建筑标准设计图集，利用软件手工绘制女儿墙及屋面防水及保温等。

本项目包括两个工作任务：屋面的属性定义和屋面的绘制与计算。

本项目建议学时：4 课时。

任务 8.1　屋面的属性定义

【任务目标】

（1）会依据案例工程的外墙详图及屋面平面图完成屋面女儿墙和屋面防水、保温等构件属性定义。

（2）会依据《房屋建筑与装饰工程工程量计算规范》(GB 50854—2013) 完成女儿墙、屋面保温、防水等构件的清单套取。

（3）在图纸信息查找及定义的过程中，培养学生一丝不苟的工作态度及细致耐心的习惯。

【任务操作】

1. 屋面女儿墙的定义

新建女儿墙：按照图纸中墙体类型新建对应的构件，以剪力墙为例。

（1）打开软件选择屋顶层，依次单击"墙构件列表"→"新建"→"剪力墙"→"新建异形墙"，然后进入编辑状态，如图 8-1 所示。

（2）剪力墙的属性编辑：在构件名称下方"属性编辑框"中修改相关信息，把"名称"中默认的"JLQ-1"改为"女儿墙"；类别填"外墙"；截面形状填"异形"，单击 ··· 标进入"异形截面编辑器"，根据外墙详图如图 8-2 所示，编辑女儿墙截面，并设置插入点，如图 8-3 所示。根据详图设置女儿墙内的钢筋；分别设置材质、混凝土类型、混凝土强度等级以及起点、中点标高，如图 8-4 所示。

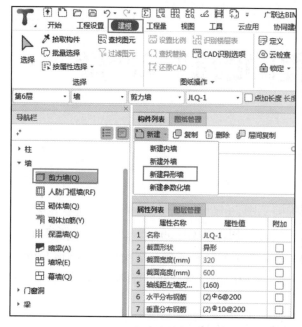

图 8-1　女儿墙的定义编辑

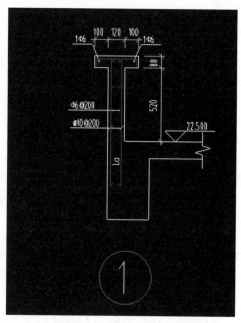

图 8-2　女儿墙的截面详图

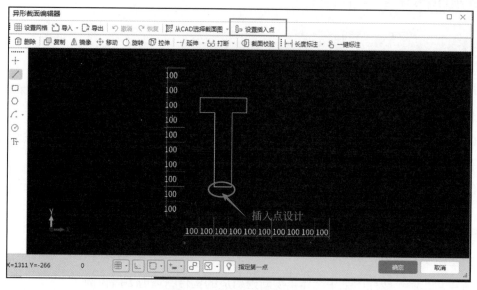

图 8-3　女儿墙的截面编辑

（3）构件做法套用：单击工具栏中"定义"按钮，出现"构件做法"，单击"匹配清单"，双击"直形墙"，并修改项目编码；单击"项目特征"，对"项目特征"进行选择编辑；双击"直形墙 模板"，并修改项目编码；完成女儿墙的清单套取，如图 8-5 和图 8-6 所示。

图 8-4　女儿墙的信息设置

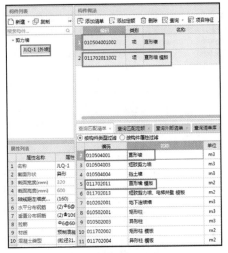

图 8-5　女儿墙的清单套取

图 8-6　女儿墙的清单套取结果

2. 屋面防水及保温布置

以局部屋面为例，按照图纸中屋面类型新建对应的构件。

查看建筑施工图总说明中的屋面做法，根据要求对屋面进行设置。其做法如下：40 厚 C20 细石混凝土，配 A6 一级钢筋，双向中距 150，钢筋网片绑扎或点焊；（3m×3m 分缝）；10 厚低标号砂浆隔离层；3＋3 厚双层 SBS 改性沥青防水卷材；20 厚 1∶3 水泥砂浆找平层；120 厚 A 级岩棉保温板保温层；最薄 30 厚 LCS 是轻集料混凝土 2% 找坡层；1.2 厚聚氨酯防水涂料隔气层；20 厚 1∶3 水泥砂浆找平层。

操作步骤如下。

（1）屋面设置：打开软件选择屋顶层，单击"其他构件列表"→"屋面"→"新建"→"屋面"，然后进入编辑状态，如图 8-7 所示。

（2）屋面的属性编辑：重命名为"平屋面"。

（3）清单套取：单击工具栏中"定义"按钮，出现"构件做法"，单击"匹配清单"，双击"屋面卷材防水"，并修改项目编码；单击"项目特征"，对"项目特征"进行选择编辑，如图 8-8 所示。双击"屋面刚性层"，并修改项目编码；单击"项目特征"，对"项目特征"进行选择编辑；双击"保温隔热屋面"，并修改项目编码，修改"项目特征"；用"添加清单"增加"平面砂浆找平层"，修改"项目特征"，完成屋面的清单套取，如图 8-9 所示。

图 8-7　屋面定义编辑　　　　　图 8-8　屋面清单套取

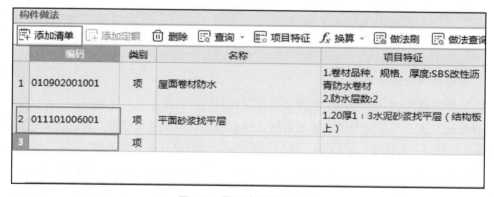

图 8-9　屋面清单套取显示

【任务检测】

（1）完成平屋面的屋面刚性层及保温隔热屋面等的清单套取及项目特征设置。

（2）在平屋面的定义与清单套取中，应注意操作步骤，并回答下列问题。

引导问题 1：本工程屋面刚性层按_____项目进行清单列项；项目编码为_____，项目特征为_____，清单工程量计算规则为_____。

引导问题 2：本工程的保温隔热屋面按_____项目进行清单列项；项目编码为_____，项目特征为_____，清单工程量计算规则为_____。

引导问题 3：本工程的平面砂浆找平层有_____层。

学习笔记

任务 8.2 屋面的绘制与计算

（1）会运用智能布置命令布置平屋面进行平屋面的绘制。

（2）会依据本工程屋顶平面布置图完成平屋面的布置。

（3）在图纸信息核对及构件绘制过程中，培养学生一丝不苟的工作态度及细致耐心的习惯。

【任务操作】

1. 屋面女儿墙的绘制

可以根据建筑施工图中屋顶层平面图在"建模"菜单下构件"剪力墙"中选择"直线"工具进行布置。在绘制剪力墙的过程中，软件默认轴线交点为"剪力墙"为截面插入点。

微课：女儿墙　　微课：压顶的
的定义及绘制　　定义及绘制

在绘制过程中，注意打开"动态输入"显示输入直线长度，单击布置即可完成女儿墙的绘制，如图 8-10 所示。女儿墙绘制显示如图 8-11 所示。

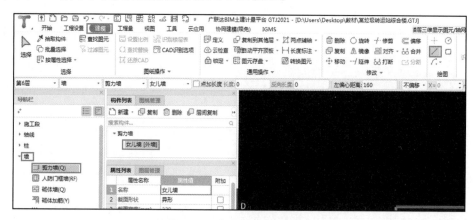

图 8-10 女儿墙的构件选择

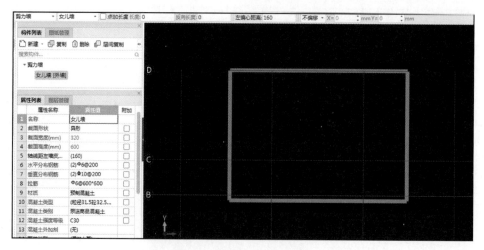

图 8-11 女儿墙的绘制显示

2. 平屋面的绘制

如图 8-12 所示，根据本工程建筑施工图中的屋顶层平面图及外墙详图进行操作，在软件中依次单击"建模"菜单→"其他"构件→"屋面"→"新建屋面"，并将其重命名为"平屋面"，在"智能布置"下拉菜单中选择"外墙内边线"后框选"剪力墙"范围，右击

微课：保温、防水层的定义及绘制

确定后形成"屋面"，注意在"属性列表"中确认"底标高"为"层底标高"，保证屋面的标高位置；结合屋面防水层的特征，需要设置防水卷边，单击"设置防水卷边"后，选择"平屋面"，设置提示框中"卷边高度"，单击"确定"，形成屋面翻边，如图 8-13 所示。

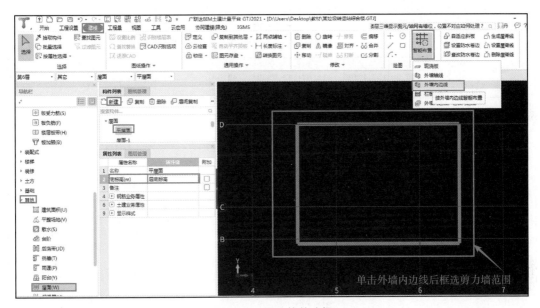

图 8-12 屋面构件选择

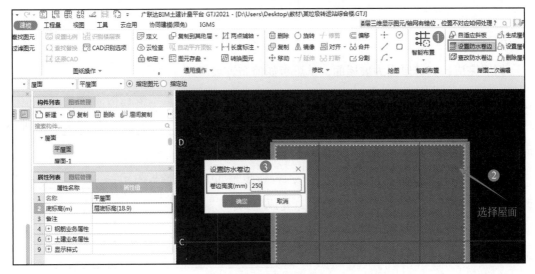

图 8-13 屋面绘制显示

3. 工程量汇总计算查看

可通过单击"工程量"菜单进行汇总计算，或选中图元汇总计算，对屋顶层平屋面土建工程量及钢筋工程量进行查看、核对。

可在土建计算结果栏查看计算式及工程量。查看平屋面防水工程量信息如图 8-14 所示。

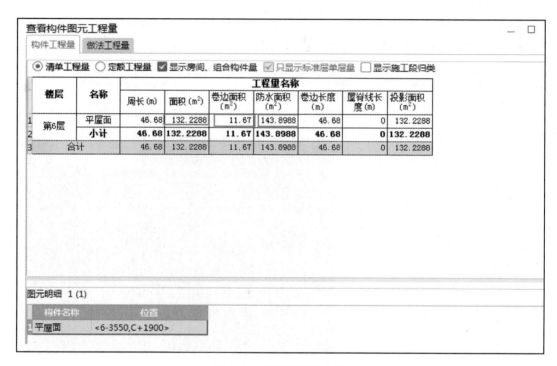

图 8-14　屋面工程量查看

【任务检测】

拓展完成：如若屋面为坡屋面，试思考如何布置坡屋面。

引导问题 1：坡屋面的设置需要结合屋面板坡度设置，因此需要在构件＿＿＿＿＿＿＿中进行设置；要使屋面板变斜，可以有＿＿＿＿＿＿、＿＿＿＿＿＿、＿＿＿＿＿＿三种不同方式进行选择。

引导问题 2：假如采用坡度变斜，一般操作步骤如下：点选板图元 →＿＿＿＿＿ → 修改基准边标高或＿＿＿＿＿＿＿＿＿＿，完成变斜。

引导问题 3：坡屋面应按＿＿＿＿＿＿＿＿＿＿＿＿＿、＿＿＿＿＿＿＿＿＿＿进行项目特征描述；清单列项的清单项目编码为＿＿＿＿＿＿＿＿＿＿＿＿＿＿＿。

学习笔记

评价反馈

屋面工程绘制与计量任务的学习情况评价与反馈，可参照表 8-1 进行。

表 8-1 屋面工程的绘制与计量任务学习评价表

序号	评价项目	评价标准或内容	满分	评 价			综合得分
				自评	互评	师评	
1	工作任务成果	（1）屋面的属性定义正确； （2）屋面的绘制操作正确； （3）屋面工程量计算正确； （4）屋面的清单列项正确	30				
2	工作过程	（1）严格遵守工作纪律，自觉开展任务； （2）积极参与教学活动，按时提交工作成果； （3）积极探究学习内容，具备拓展学习能力； （4）积极配合团队工作，形成团结协作意识	20				
3	工作要点总结		30				
4	学习感悟		20				
小　计			100				

成果检测

汇总计算本案例工程屋面工程量，编制屋面工程分部分项工程量清单，填入表 8-2。

表 8-2　分部分项工程量清单表

序号	项目编码	项目名称	项 目 特 征	计量单位	工程量

项目 9　基础工程的绘制与计量

项目描述

　　能依据本案例工程建筑施工图和结构施工图、《建设工程工程量清单计价规范》（GB 50500—2013）、《房屋建筑与装饰工程工程量计算规范》（GB 50854—2013）、国家建筑标准设计图集（16G101-3）、《混凝土结构施工平面整体表示方法制图规则和构造详图》（独立基础、条形基础、发行基础、桩基础），利用软件手工绘制各种基础构件，完成本工程基础层部分的土建及钢筋算量。

　　本项目包括六个工作任务：基础的属性定义、基础的绘制与计算、基础垫层的属性定义、基础垫层的绘制与计算、土方的属性定义与绘制和土方的计算。

　　本项目建议学时：6课时。

任务 9.1　基础的属性定义

【任务目标】

　　（1）会依据本案例工程的基础平面图完成案例工程基础层构件的属性定义，包括截面尺寸、标高属性、材质属性及配筋信息。

　　（2）会依据《房屋建筑与装饰工程工程量计算规范》（GB 50854—2013）完成基础清单套取。

　　（3）在图纸信息的查找及构件属性定义过程中，培养学生一丝不苟的工作态度及细致耐心的习惯。

【任务操作】

　　1. 独立基础的定义

　　按照图纸中基础类型新建对应的构件，以 DJP1 为例。

　　（1）打开软件选择基础层，依次单击"基础构件列表"→"独立基础"→"新建"，软件提供了"新建独立基础"和"新建自定义独立基础"两种类型，以满足不软件中同截面要求，单击选择"新建独立基础"，在"新建独立基础 -DJ-1"的基础下有"新建独立基础""新建自定义独立基础""新建矩形独立基础单元""新建参数化独立基础单元""新建异形独立基础单元"五种类型，如图 9-1 所示。根据本工程基础类型，选择"新建参数化独立基础"中的"四棱锥台形独立基础"，如图 9-2 所示。

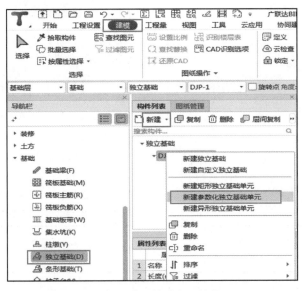

图 9-1　独立基础定义编辑

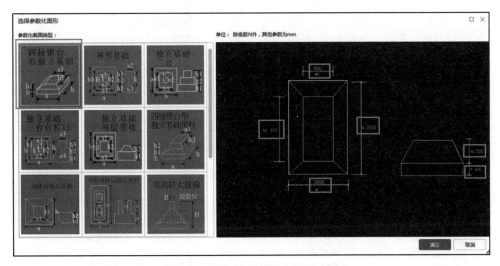

图 9-2　独立基础参数化图形选择

调整独立基础属性：在构件"属性列表"栏录入图纸基础平面图中 1—1 剖面图的标高信息、基础底筋、基础的类型等信息。输入钢筋信息时，不同级别的钢筋可以在软件中使用对应代号快速输入，箍筋间距"@"可以使用"-"代替。基础基本属性编辑如图 9-3所示，基础钢筋属性编辑如图 9-4 所示。

（2）构件做法：添加清单，查询匹配清单，双击独立基础，或手动输入清单编号010501003001（独立基础），并根据要求核对填写项目特征；同样，操作完成 011702001001

（基础模板），并完成项目特征填写，如图 9-5 所示。

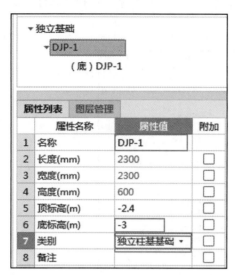

图 9-3　独立基础基本属性编辑　　　　图 9-4　独立基础钢筋属性编辑

图 9-5　独立基础清单套取

可按此方法将基础层所有独立基础完成属性定义。

2. 筏板基础的定义

按照图纸中的基础类型新建构件，以电梯基础为例。

（1）打开软件选择基础层，依次单击"基础构件列表"→"筏板基础"，新建 FB-1，设置筏板基础属性，在构件"属性列表"栏，根据图纸首层梁平面图中电梯基坑详图的信息设置筏板基础的基本属性，如图 9-6 所示。

图 9-6　筏板基础的属性定义

（2）电梯井壁的定义：在基础层依次单击"墙构件列表"→"剪力墙"→"剪力墙内墙"（将其重命名为"电梯井壁"），根据电梯基坑详图，定义电梯井壁的厚度、钢筋布置及标高，如图 9-7 所示。

图 9-7　电梯井壁的属性定义

（3）添加清单，查询匹配清单，双击筏板基础，或手动输入清单编号010501004001（满堂基础），如图9-8所示；并根据要求核对填写项目特征，如图9-9所示；同样，操作完成011702001001（基础模板），并完成项目特征填写，如图9-10所示。

（4）可按此方法将基础层中所有基础完成属性定义。

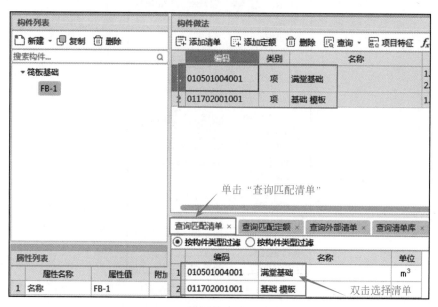

图9-8　筏板基础的清单套取

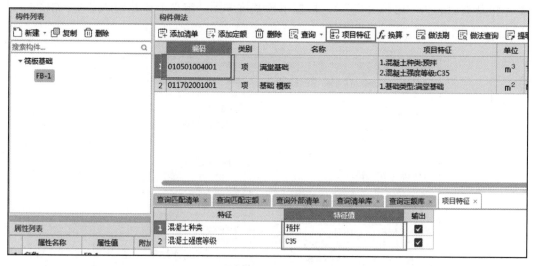

图9-9　筏板基础项目的特征描述

3. 基础梁定义

（1）打开软件选择基础层，以DJJ1双柱间的AL为例，依次单击"基础列表"→"新建矩形基础梁"→AL1→"截面设置"：宽度为700，高度为600；钢筋设置：箍筋为Φ12@100，肢数为6，上下部通长筋均为6Φ18，如图9-11所示。

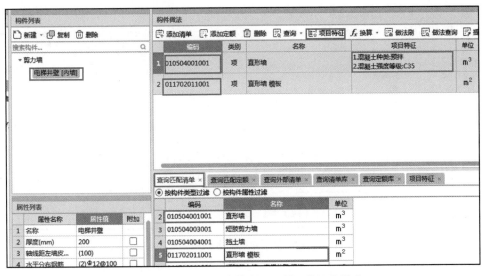

图 9-10　电梯井壁清单套取及项目特征的描述

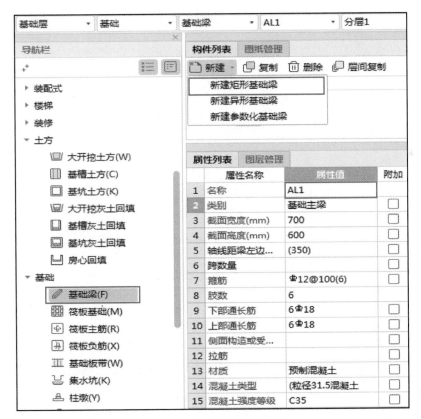

图 9-11　基础梁的定义编辑

（2）添加清单，查询匹配清单，双击基础梁，或手动输入清单编号 010503001001（基础梁），并根据要求核对填写项目特征，如图 9-12 所示；同样，操作完成 011702001001（基础模板），并完成项目特征填写。

图 9-12　基础梁清单套取及项目特征的描述

【任务检测】

（1）根据图 9-13 完成下列混凝土条形基础截面定义，TJB_j01 250/350; B:$\pm$12@100; T:$\pm$8@200。

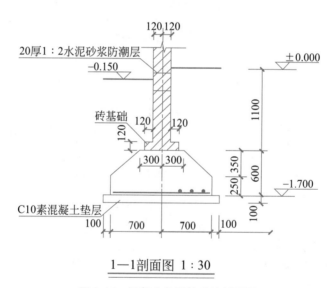

1—1剖面图 1：30

图 9-13　混凝土条形基础的剖面图

（2）如图 9-14 所示，按"新建参数化桩承台"完成某桩承台截面属性定义。

> 提示
>
> 依次单击"构件列表"→"新建"→"基础"→"桩承台"→"新建桩承台"→"新建桩承台单元"→选择参数化承台类型"矩形桩承台"。

对照图 9-14 在"矩形桩承台"截面形式，在该参数化图形界面选择与编辑中，对截面进行截面尺寸及钢筋等属性定义，即可完成参数化桩承台的新建。

（3）根据本工程结构施工图中的首层梁平法施工图完成 KL1 及 KL6 的属性定义。

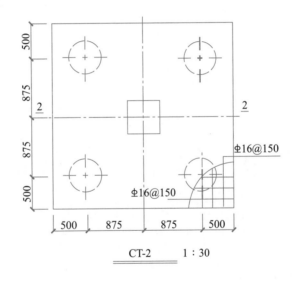

CT-2　　1 : 30

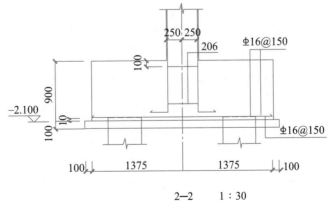

2—2　　1 : 30

图 9-14　桩承台详图

学习笔记

任务 9.2　基础的绘制与计算

【任务目标】

（1）会运用点画法绘制、直线绘制、矩形绘制等基础绘制命令及智能布置命令进行基础的绘制。

（2）会依据本工程基础平面布置图完成基础层独立基础的布置。

（3）在图纸信息核对及构件绘制过程中，培养学生一丝不苟的工作态度及细致耐心的习惯。

微课：独立基础（阶梯形）的定义及绘制　微课：独立基础（坡形）的定义及绘制

【任务操作】

1. 独立基础的绘制

（1）用"点"绘制独立基础

作为点式构件，可以在"建模"菜单下直接采用"点"工具进行布置。在绘制基础的过程中，软件默认基础中心为插入点，可以采用快捷键 F4 快速切换插入点。在实际图纸中，如果基础中心不在轴网交点，称为偏心独立基础。针对偏心独立基础，选择正交输入基础 X 方向与 Y 方向的偏心距离，单击布置即可完成独立基础的绘制。如图 9-15 所示。

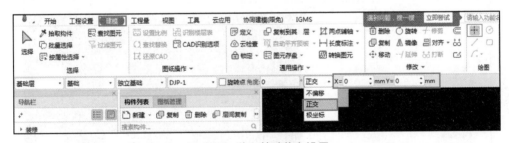

图 9-15　独立基础偏心设置

或者通过独立基础二次编辑中的"查改标注"或"批量查改标注"功能进行偏心修改处理，如图 9-16 所示。

（2）偏心独基的绘制

本案例工程中 DJJ1、DJJ2 为双柱独立基础，DJJ1 布置按快捷键 Shift + 鼠标左键，输入相对偏移值后确定，其余均无偏心按上述操作，可逐一完成全部独立基础的绘制，如图 9-17 所示。需要查看图中各独立基础名称信息，可按快捷键 Shift + D 显示柱构件名称，如图 9-18 所示。

（3）采用智能布置命令绘制独立基础

在主菜单"建模"对应工具栏单击"智能布置"工具，弹出多种智能布置模式，根据需要选择按独基方式进行快速智能布置。

注意

建议在基础层，根据柱下基础的类型，选择相对应的独立基础进行智能布置，如图 9-19 所示。

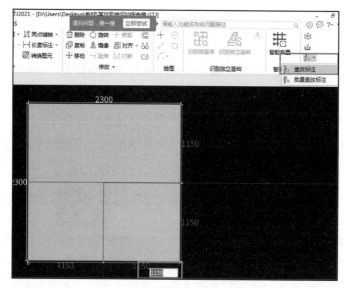

图 9-16 独立基础查改标注设置

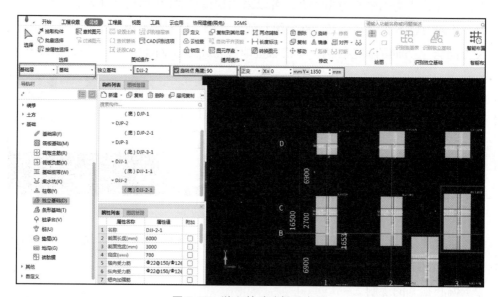

图 9-17 独立基础选择及布置

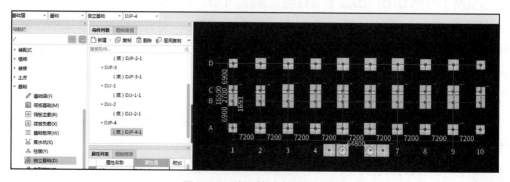

图 9-18 独立基础布置显示

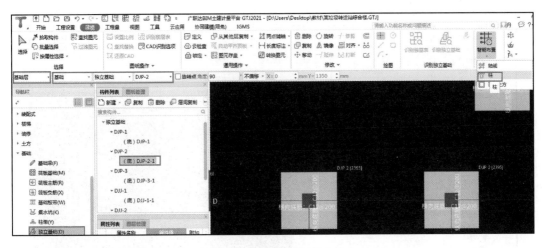

图 9-19 独立基础智能布置

以按柱布置为例，按鼠标左键框选需要布基础的框架柱区域，在框选范围对应框架柱处显示智能布置成功，右击结束，或按 ESC 键取消。

2.设备基础的绘制

依次单击"建模"→"绘图"→"矩形"布置；根据筏板位置，选择起点为轴与轴的交点，设置"正交"及偏移位置：X = −150，Y = −150；单击选择点确定起点，如图 9-20 所示；然后重新设置"正交"及偏移位置：X = −2750，Y = −5250；再次单击选择确定筏板终点，如图 9-21 所示。

微课：条形基础、筏板基础、桩基础的定义及绘制

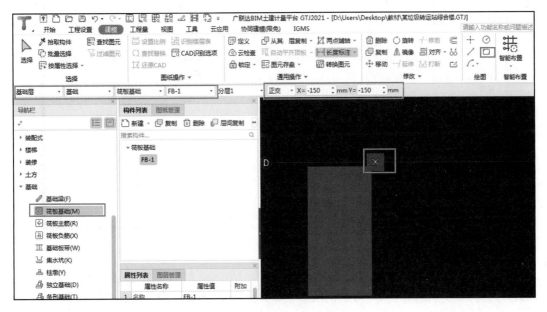

图 9-20 筏板基础起点位置

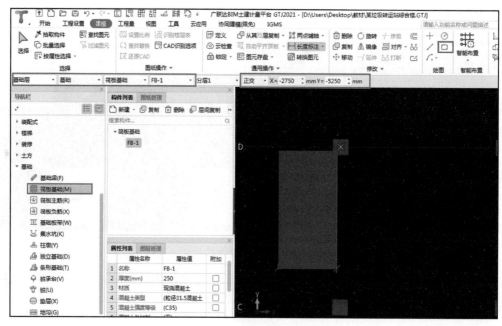

图 9-21 筏板基础终点位置

设置筏板主筋信息：在"建模"菜单中选择"筏板主筋"，选择"单板"智能布置中"双网双向布置"：C12@100，选中筏板基础，布置筏板主筋，如图 9-22 所示。

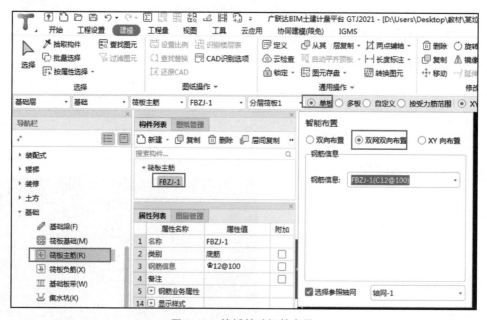

图 9-22 筏板基础钢筋布置

绘制筏板上的剪力墙：依次单击"建模"→"绘图"→"直线"布置；根据电梯井壁位置，选择起点为筏板的一个角点，根据电梯井壁厚度 200mm 设置左偏心距离为 200，保证电梯井壁外侧与筏板边缘相平齐，单击选择点确定起点；根据建筑施工图 16 中 1#、2#

电梯井坑平面详图布置剪力墙，如图 9-23 所示。

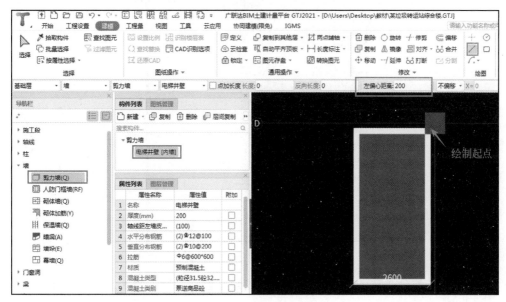

图 9-23 剪力墙绘制

3. 工程量汇总计算查看

在菜单"工程量"进行汇总计算，或选中图元汇总计算，对基础层独立基础土建工程量及钢筋工程量查看核对。

可在土建计算结果栏查看工程量及构件位置信息。图 9-24 和图 9-25 分别为独立基础的工程量和位置信息。

	楼层	名称		数量(个)	体积 (m³)	模板面积 (m²)	底面面积 (m²)	侧面面积 (m²)	顶面面积 (m²)
1		DJJ-1	DJJ-1	3	0	0	0	0	0
2			DJJ-1-1	0	22.896	27.72	38.16	27.72	35.22
3		DJJ-2	DJJ-2	7	0	0	0	0	0
4			DJJ-2-1	0	88.2	88.2	126	88.2	119.14
5		DJP-1	DJP-1	4	10.3388	0	21.16	34.4444	
6	基础层	DJP-2	DJP-2	11	0	0	0	0	0
7			DJP-2-1	0	63.536	73.92	86.24	156.607	1.65
8		DJP-3	DJP-3	5	0	0	0	0	0
9			DJP-3-1	0	37.44	38.4	51.2	87.8775	0.75
10		DJP-4	DJP-4	4	0	0	0	0	0
11			DJP-4-1	0	29.952	30.72	40.96	70.302	1.56
12		小计		34	252.3628	258.96	363.72	465.1509	158.32

查看构件图元工程量 / 构件工程量 / 做法工程量 / ◉ 清单工程量 ○ 定额工程量 ☑ 显示房间、组合构件量 ☑ 只显示标准层单层量 □ 显示施工段归类 / 工程量名称

图 9-24 独立基础的工程量汇总

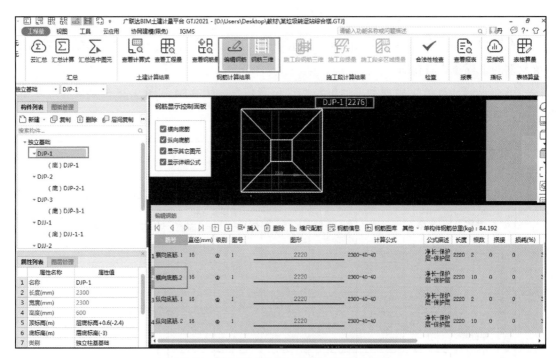

图 9-25　独立基础的位置信息

可在钢筋计算结果栏查看钢筋量、编辑钢筋及钢筋三维。图 9-26 为查看 DJP-1 钢筋工程量的信息。

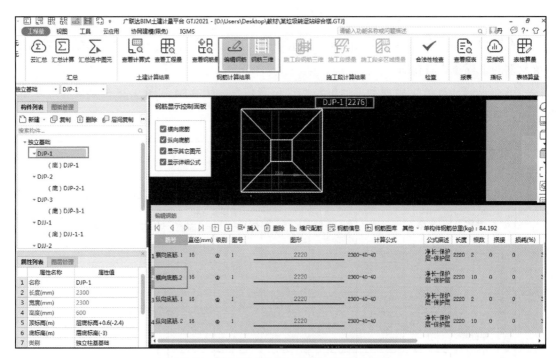

图 9-26　独立基础 DJP-1 钢筋工程量的汇总

【任务检测】

（1）汇总计算 DJP-2、DJJ-1、KL9 的土建工程量及钢筋工程量，编制其分部分项工程量清单，填入表 9-1。

表 9-1 分部分项工程量清单表

序号	项目编码	项目名称	项目特征	计量单位	工程量

（2）提取 DJP-2、DJJ-1、KL9 的土建工程量及钢筋工程量，将电算结果填入表 9-2。

表 9-2 工程量计算详表

构件名称	土建工程量		钢筋工程量				
	计量单位	工程量	钢筋直径	根数	直径	图 形	工程量
DJP-2			横向底筋				
			纵向底筋				
DJJ-1			横向底筋				
			纵向底筋				
KL9			上部钢筋				
			下部钢筋				
			箍筋				

（3）列式计算本案例工程 DJP2 的混凝土清单工程量，与电算结果核对。

学习笔记

任务 9.3　基础垫层的属性定义

【任务目标】

（1）会依据案例工程的结构施工图中的基础平面图完成净水垃圾转运站基础垫层的属性定义，包括截面尺寸、标高属性、材质属性信息。

（2）会依据《房屋建筑与装饰工程工程量计算规范》（GB 50854—2013）完成基础垫层清单套取。

（3）在图纸信息查找及构件属性定义的过程中，培养学生一丝不苟的工作态度及细致耐心的习惯。

【任务操作】

1. 新建基础垫层

以 DJP-1 的垫层为例，按照图纸中基础垫层类型新建对应的构件。

打开软件选择基础层，依次单击基础构件列表→基础垫层→新建，软件提供了"新建点式矩形垫层""新建线式矩形垫层""新建面式垫层""新建点式异形垫层""新建线式异形垫层"五种类型，以满足软件中对不同截面的要求，单击选择"新建面式垫层"，新建DC-1，自定义如图 9-27 所示。

图 9-27　基础垫层定义编辑

2. 构件做法套用

添加清单，查询匹配清单，双击垫层，或手动输入清单编号 010501001001（垫层），并根据要求核对填写项目特征；同样，操作完成 011702001008（基础模板），并完成项目特征填写，如图 9-28 所示。

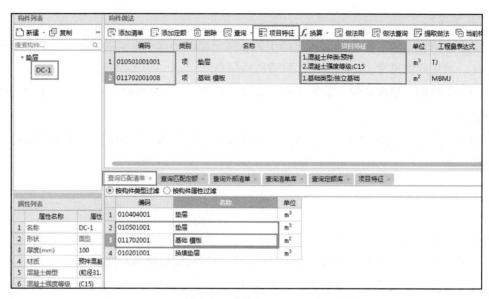

图 9-28　基础垫层清单套取及项目特征描述

【任务检测】

（1）拓展完成本工程基础层筏板基础下垫层的属性定义。

（2）根据图 9-29 完成混凝土条形基础下垫层截面定义。

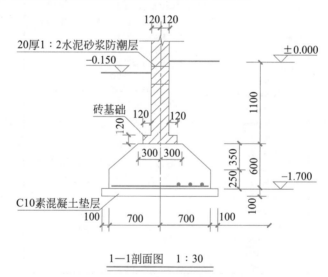

图 9-29　混凝土条形基础剖面图

任务 9.4　基础垫层的绘制与计算

【任务目标】

（1）会运用"面式垫层"绘制基础垫层及智能布置命令绘制垫层。

（2）会依据本工程基础平面布置图完成基础层所有垫层的布置。

（3）在图纸信息核对及构件绘制过程中，培养学生一丝不苟的工作态度及细致耐心的习惯。

【任务操作】

1. 采用"面"式矩形垫层绘制垫层

作为面式构件，可以在"建模"菜单下直接采用"智能布置"工具进行布置，在绘制垫层的过程中，软件默认独立基础中心为插入点，如图 9-30 所示。

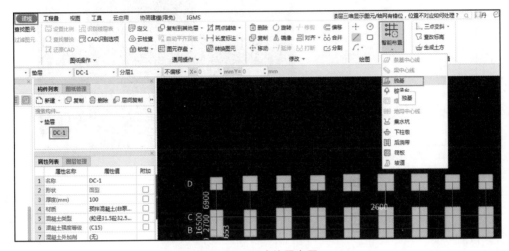

图 9-30　面式垫层布置

2. 采用"线"式矩形垫层绘制垫层

本案例中，基础梁下垫层可以采用"线"式垫层绘制，如图 9-31 所示。依次单击垫层 → 新建线式矩形垫层 → 智能布置 → 梁中心线 → "点"选或"框"选基础梁 → 确定 → 设置出边距离 → 确定，基础梁下垫层布置完成，如图 9-32 所示，垫层出边距离设置如图 9-33 所示。

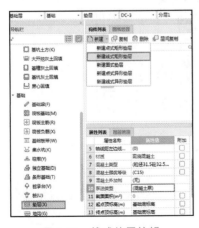

图 9-31　线式垫层编辑

图 9-32　线式垫层布置

图 9-33　垫层出边距离设置

3. 筏板基础下垫层的布置

本案例工程中的电梯井基础为筏板基础，筏板基础下垫层绘制不能采用"面式"垫层绘制，可选择"点式"垫层进行绘制，如图 9-34 所示。

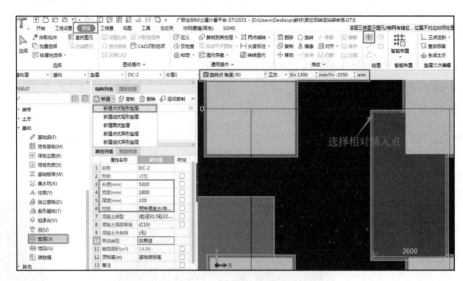

图 9-34　筏板下垫层布置

4. 工程量汇总计算查看

可在菜单"工程量"进行汇总计算，或选中图元汇总计算，对基础层垫层工程量进行查看、核对。

可在土建计算结果栏查看计算式及查看工程量。查看 DC-1 工程量信息，如图 9-35 所示。

楼层	混凝土强度等级	名称	工程量名称		
			体积（m³）	模板面积（m²）	底部面积（m²）
1 基础层	C15	DC-1	40.948	46.76	409.48
2		小计	40.948	46.76	409.48
3	小计		40.948	46.76	409.48
4	合计		40.948	46.76	409.48

图 9-35　垫层工程量汇总表

【任务检测】

（1）汇总计算并查看筏板下垫层以及 KL6 下垫层的土建工程量，编制垫层的分部分项工程量清单，填入表 9-3。

表 9-3　分部分项工程量清单表

序号	项目编码	项目名称	项目特征	计量单位	工程量

（2）对垫层进行手工对量，列式计算本工程筏板下垫层混凝土的清单工程量，与电算结果进行核对。

_____

_____

_____

学习笔记

_____

_____

_____

_____

_____

_____

_____

_____

任务 9.5　土方的属性定义与绘制

【任务目标】

（1）会依据本案例工程的基础平面图完成基础层基础和土方的属性定义，包括截面尺寸、标高属性、放坡系数等信息。

（2）会依据《房屋建筑与装饰工程工程量计算规范》（GB 50854—2013）完成土方清单套取。

（3）在图纸信息查找及构件属性定义的过程中，培养学生一丝不苟的工作态度及细致耐心的习惯。

【任务操作】

BIM 软件把土方分为大开挖土方、基坑土方、基槽土方等，根据本工程基础类型，可按基坑土方和基槽土方两种方式进行定义与绘制。

1. 基坑土方

（1）基坑定义：依次单击"基础层土方列表"→"基坑土方"→"新建"，软件提供了"新建矩形基坑土方""新建异形基坑土方"两种类型，以满足软件中不同截面要求，单击选择"新建矩形基坑土方"，在"新建矩形基坑土方 JK-1"的基础下进行属性定义（DJP-1 下基坑），如图 9-36 所示。

微课：垫层及土方的定义及绘制

（2）自动生成基坑土方：在独立基础垫层已布置的情况下，自动生成土方。依次单击"建模"→"垫层"→"生成土方"→土方类型：基坑土方，起始放坡位置：垫层底，生成方式：自动生成，生成范围：基坑土方，工作面宽：300，放坡系数：0.5，单击"确定"，如图 9-37 所示。

（3）构件做法：添加清单，查询匹配清单，双击挖基坑土方，或手动输入清单编号 010101004001（挖基坑土方），并根据要求核对填写项目特征，如图 9-38 所示。

图 9-36　基坑土方定义

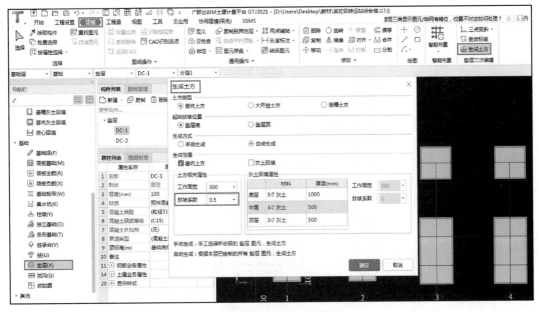

图 9-37　基坑土方布置

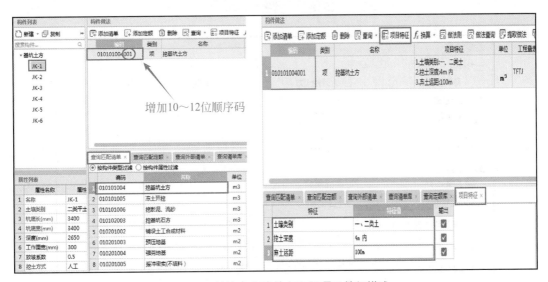

图 9-38　基坑土方清单套取及项目特征描述

2. 基槽土方

（1）基槽定义：依次单击"基础层土方列表"→"基槽土方"→"新建基槽土方"，以 KL6 下基槽为例，如图 9-39 所示。

（2）自动生成基槽土方：在基础梁垫层已布置的情况下，自动生成土方。依次单击"建模"→"垫层"→"生成土方"，设置土方类型：基槽土方，起始放坡位置：垫层底，生成方式：手动生成，生成范围：基槽土方，工作面宽：300，放坡系数：0，单击"确定"；选择需要生成基槽的垫层，右击形成基槽土方，如图 9-40 所示。

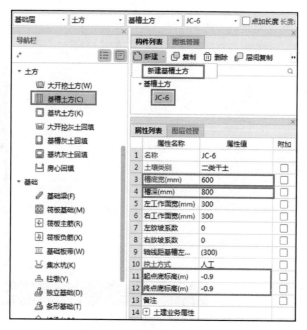

图 9-39　基槽土方定义

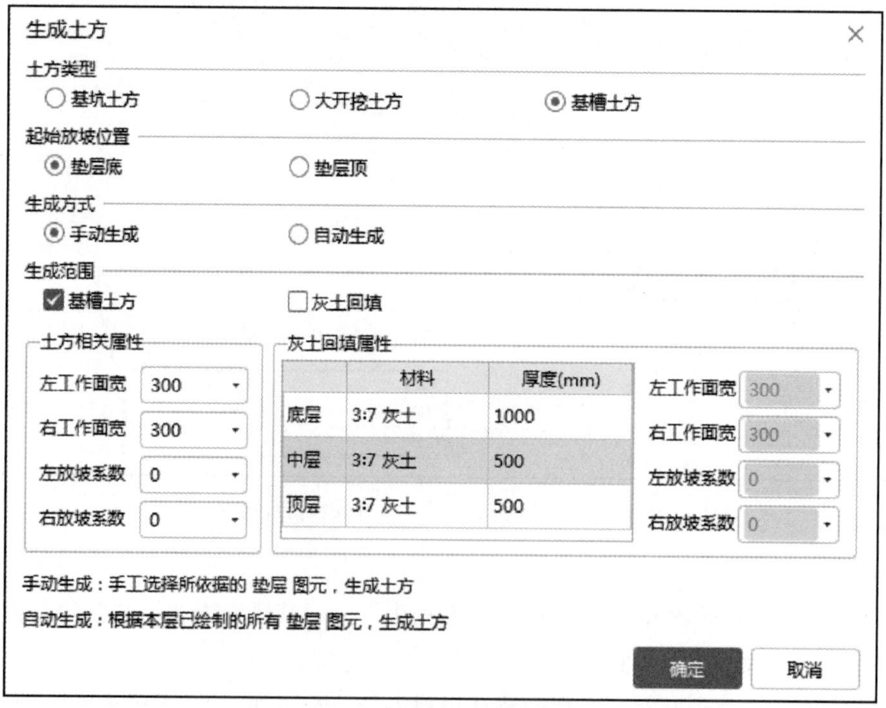

图 9-40　基槽土方布置设置

（3）构件做法：添加清单，查询匹配清单，双击挖沟槽土方，或手动输入清单编号
010101003001（挖沟槽土方），如图 9-41 所示，并根据要求核对填写项目特征，如图 9-42
所示。

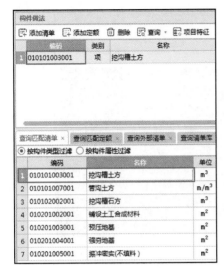

图 9-41 挖沟槽土方清单套取

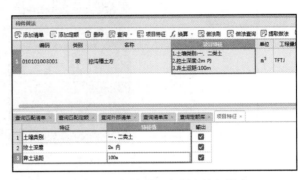

图 9-42 挖沟槽土方项目特征描述

3. 大开挖土方

（1）手动建模：依次单击"建模"→"土方"→"大开挖土方"→"新建大开挖土方"，设置深度：3100mm，挖土方式：机械，放坡系数：0.33，工作面宽：400（从垫层边开始放坡，距离基础边每边各 400）；选择需要生成基坑的垫层，右击形成大开挖土方，如图 9-43 所示。大开挖土方智能布置如图 9-44 所示，大开挖土方三维显示如图 9-45 所示。

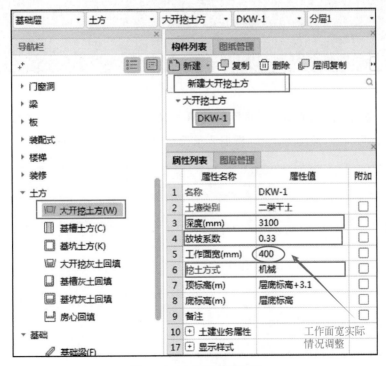

图 9-43 大开挖属性定义

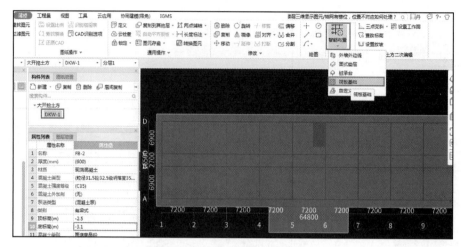

图 9-44　大开挖土方智能布置

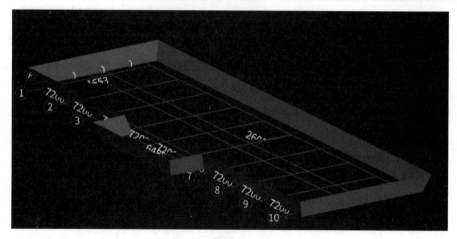

图 9-45　大开挖土方三维显示

（2）构件做法：添加清单，查询匹配清单，双击"挖一般土方"，或手动输入清单编号 010101002001（挖一般土方），并根据要求核对填写项目特征，如图 9-46 所示。

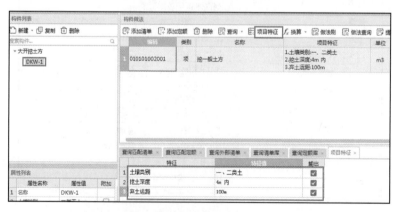

图 9-46　挖一般土方清单套取及项目特征描述

选择适当的方法，将基础层所有挖基坑土方进行属性定义。

4. 回填土

（1）基坑（基槽）回填

基坑（基槽）回填不需要进行建模，回到基坑（基槽／大开挖土方）中，"查询清单库"，双击"回填方"修改项目编码，编辑项目特征，在"工程量表达式"下选择"素土回填体积"，如图 9-47 所示。

图 9-47　基础回填方清单的套取

（2）房心回填

操作步骤：依次单击"建模"→"土方"→"房心回填"→新建房心回填：深度（根据地面做法，不同房间深度各不相同），其他信息不变，如图 9-48 所示。房心回填清单套取及项目特征描述如图 9-49 所示。

【任务检测】

（1）拓展完成本工程中基坑回填的设置。

_____

_____

_____

（2）完成本工程中基础暗梁的设置与绘制。

_____

_____

_____

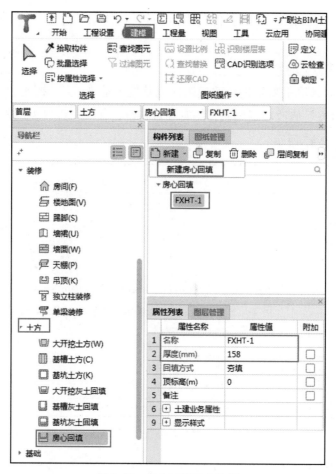

图 9-48　房心回填定义编辑

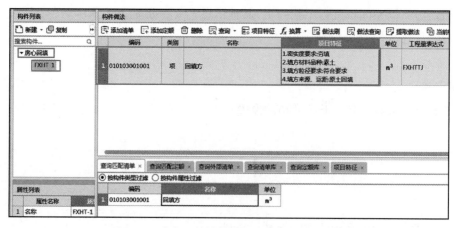

图 9-49　房心回填清单套取及项目特征的描述

学习笔记

任务 9.6　土方的计算

【任务目标】

（1）会根据施工图纸核查基础及土方工程的建模。

（2）会根据要求选择适当的清单核查工程量计算规则，计算工程量。

（3）在图纸信息核对及构件绘制过程中，培养学生一丝不苟的工作态度及细致耐心的习惯。

【任务操作】

本节介绍土方工程量的计算方法。

（1）在"工程量"界面，单击"汇总计算"，弹出汇总计算提示框；选择"土方"，单击"确定"按钮进行汇总计算；汇总结束后，弹出计算汇总成功提示，操作如图 9-50 所示。

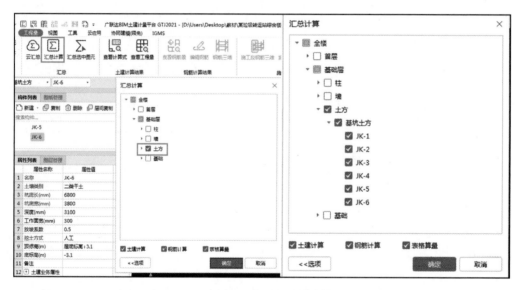

图 9-50　土方工程量的计算

（2）在"工程量"界面，单击"查看报表"，选择"土建报表量"，单击"清单汇总表"，可查看基础层挖基坑土方的工程量，如图 9-5 所示。

微课：将首层部分
构件复制到基础层

图 9-51　土方部分工程量的显示

【任务检测】

汇总计算并查看基坑土方回填的土建工程量，编制土方分部分项工程量清单，填入表 9-4。

表 9-4　分部分项工程量清单表

序号	项目编码	项目名称	项 目 特 征	计量单位	工程量

学习笔记

评价反馈

基础工程的绘制与计量任务的学习情况评价与反馈，可参照表9-5进行。

表 9-5　基础工程的绘制与计量任务学习情况评价表

序号	评价项目	评价标准或内容	满分	评　价			综合得分
				自评	互评	师评	
1	工作任务成果	（1）基础及土方的属性定义正确； （2）基础及土方的绘制操作正确； （3）基础及土方工程量计算正确； （4）基础及土方的清单列项正确； （5）基础及土方的工程量提取正确	30				
2	工作过程	（1）严格遵守工作纪律，自觉开展任务； （2）积极参与教学活动，按时提交工作成果； （3）积极探究学习内容，具备拓展学习能力； （4）积极配合团队工作，形成团结协作意识	20				
3	工作要点总结		30				
4	学习感悟		20				
小　计			100				

成果检测

　　汇总计算本案例工程基础、基础梁、垫层等地下构件以及土方开挖工程量，编制混凝土工程（-0.45m以下）分部分项工程量清单及土方工程分部分项工程量清单，填入表9-6。

表 9-6　分部分项工程量清单表

序号	项目编码	项目名称	项 目 特 征	计量单位	工程量

项目 10　首层装饰工程的绘制与计量

项目描述

能依据本案例工程建筑施工图和结构施工图、《建设工程工程量清单计价规范》（GB 50500—2013）、《房屋建筑与装饰工程工程量计算规范》（GB 50854—2013），利用软件布置首层的室内装饰及室外立面装饰，完成本工程首层各房间的装饰布置。

本项目包括四个工作任务：室内装饰工程的属性定义，室内装饰工程的绘制与计算，室外装饰工程的属性定义，室外装饰工程的绘制与计算。

本项目建议学时：2 课时。

任务 10.1　室内装饰工程的属性定义

【任务目标】

（1）会依据案例工程的材料做法表完成本工程首层装饰构件的属性定义，包括地面、墙面、天棚等材质属性定义。

（2）会依据《房屋建筑与装饰工程工程量计算规范》（GB 50854—2013）完成装饰部分的清单套取。

（3）在图纸信息查找及构件属性定义的过程中，培养学生一丝不苟的工作态度及细致耐心的习惯。

【任务操作】

软件绘制室内装饰工程时，一般按"房间"进行建模。操作步骤如下：先定义设置好楼地面、墙柱面、踢脚线、墙裙、天棚及吊顶灯各单元体，然后各房间根据做法表进行单元体组合即可。

1. 新建楼地面

（1）属性定义：楼地面构件建立，选择"模块导航栏"中"装修"下的"楼地面"，打开"构件列表"下的"新建"下拉列表框，选择"新建楼地面"，进入属性编辑设置；查看图纸构件做法表，统计首层地面的做法有五种，根据具体做法进行定义："新建楼地面"1~5，并分别修改"名称"为"地面 1- 水泥混凝土""地面 2- 地砖""地面 3- 防水地砖""地面 4- 石材""地面 5- 地板"，在"块料厚度（mm）"栏根据做法表填写对应面层厚度，例如，将"地面 1- 水泥混凝土"地面面层厚度设为"40"；其他不变，如图 10-1 所示。

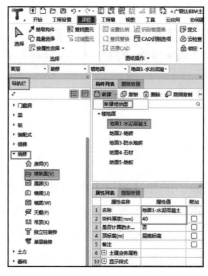

图 10-1　楼地面定义编辑

（2）构件做法：单击工具栏中"定义"按钮，出现"构件做法"，双击"查询匹配清单"中"细石混凝土楼地面"，并修改"项目编码"；单击"项目特征"编辑"项目特征"，以"地面 1- 水泥混凝土"为例，"项目和特征"修改内容如下：① 40 厚 C20 细石混凝土，表面撒 1∶1 水泥沙子随打碎抹光；② 20 厚 1∶3 水泥砂浆保护层，表面撒水泥粉；水泥浆一道 (内掺建筑胶)；③ 60 厚 C15 混凝土垫层，20 厚挤塑聚苯保温层；④ 150 厚碎石夯入土中，如图 10-2 和图 10-3 所示。

图 10-2　楼地面清单选择

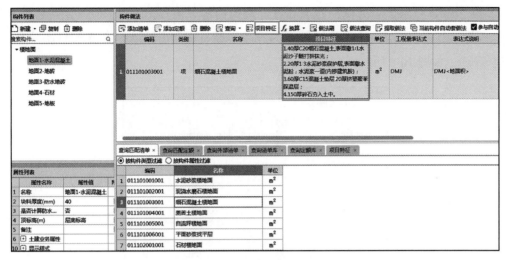

图 10-3 楼地面项目特征描述

2. 新建踢脚线

（1）属性定义：建立踢脚线构件。选择"模块导航栏"中"装修"下的"踢脚"，打开"构件列表"下的"新建"下拉列表框，选择"新建踢脚线"，进入属性编辑设置；查看图纸构件做法表，统计首层踢脚线的做法有三种，根据具体做法进行定义："新建踢脚线"1~3，并分别修改"名称"为"踢脚1-水泥""踢脚2-地砖""踢脚3-石材"，在"块料厚度（mm）"栏填写"0"，"高度（mm）"根据做法表填写，例如，将"踢脚1-水泥"高度设为"120"；其他不变，如图 10-4 所示。

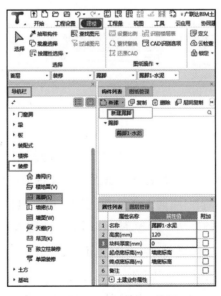

图 10-4 踢脚线定义编辑

（2）构件做法：单击工具栏中"定义"按钮，出现"构件做法"，双击"查询匹配清单"中"水泥砂浆踢脚线"，并修改"项目编码"，如图 10-5 所示；单击并编辑"项目特征"，以"踢脚 1- 水泥"为例，"项目特征"修改内容如下：① 6 厚 1∶2.5 水泥砂浆抹面压实赶光；② 素水泥浆一道；③ 8 厚 1∶3 水泥砂浆打底划出鲛道；④ 素水泥浆一道（内掺建筑胶），如图 10-6 所示。

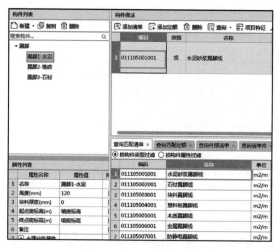

图 10-5　踢脚线清单选择

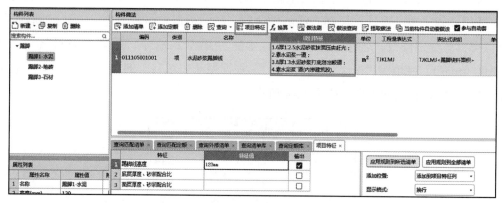

图 10-6　踢脚线项目特征描述

3. 新建内墙面

（1）属性定义：建立内墙面构件。选择"模块导航栏"中"装修"下的"墙面"，打开"构件列表"下的"新建"下拉列表框，选择"新建内墙面"，进入属性编辑设置；查看图纸构件做法表，统计首层内墙面的做法有三种，根据具体做法进行定义："新建内墙面"1~3，并分别修改"名称"为"内墙面1- 涂料""内墙面2- 水泥砂浆""内墙面3- 面砖"，在"块料厚度（mm）"栏填写"0"，其他不变，如图 10-7 所示。

（2）构件做法：单击工具栏中"定义"按钮，出现"构件做法"，双击"查询匹配清单"中"墙面一般抹灰"，并修改"项目编码"；单击并编辑"项目特征"，以"内墙面1- 涂料"为例，"项目特征"修改内容如下：① 刷素水泥浆一道（内掺建筑胶）；② 8 厚粉刷石灰膏砂浆分遍抹平；单击"添加清单"增加"011407001001 墙面喷刷涂料"，修改如下项目特征：① 面浆（或涂料）饰面；② 2 厚面层耐水腻子刮平，如图 10-8 和图 10-9 所示。

图 10-7　内墙面定义编辑

图 10-8　内墙面清单选择

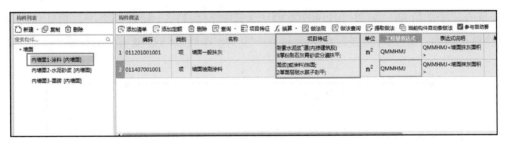

图 10-9　内墙面项目特征描述

4. 新建天棚

（1）属性定义：建立天棚构件。选择"模块导航栏"中"装修"下的"天棚"，打开"构件列表"下的"新建"下拉列表框，选择"新建天棚"，进入属性编辑设置；查看图纸构件做法表，统计首层天棚做法有三种，其中两种为吊顶天棚，应归入"吊顶"中，因此"天棚"仅需新建一种，可根据具体做法进行定义："新建天棚"1，并修改"名称"分别为"天棚 1- 涂料"，不用修改属性，如图 10-10 所示。

（2）构件做法：单击工具栏中"定义"按钮，出现"构件做法"，双击"查询匹配清单"中"天棚抹灰"，并修改"项目编码"，如图 10-11 所示。

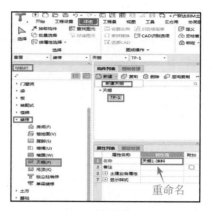

图 10-10　天棚定义编辑

图 10-11　天棚清单选择

单击"项目特征"编辑"项目特征",以"天棚1-涂料"为例,将"项目特征"修改内容如下:①5厚1∶0.5∶3水泥石灰膏砂浆打底;②素水泥浆一道甩毛(内掺建筑胶)。

单击"添加清单"增加"011407002001天棚喷刷涂料",修改如下项目特征:①面浆(或涂料)饰面;②2厚面层耐水腻子刮平;③3~5厚底基防裂腻子分遍找平,如图10-12所示。

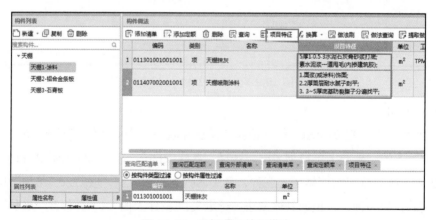

图 10-12　天棚项目特征描述

5. 新建吊顶

(1)属性定义:建立天棚构件。选择"模块导航栏"中"装修"下的"吊顶",打开

"构件列表"下的"新建"下拉列表框，选择"新建吊顶"，进入属性编辑设置；查看图纸构件做法表，统计吊顶天棚的做法有两种，根据具体做法进行定义："新建吊顶"1~2，并分别修改"名称"为"DD1-铝合金条板""DD2-石膏板"，离地高度可根据房间吊顶高度设置，例如，由公共卫生间及开水间由建筑施工图 -17 中 1# 公共卫生间及开水间对应的b—b 剖面图可知，吊顶离地高度为 2600mm，如图 10-13 所示。

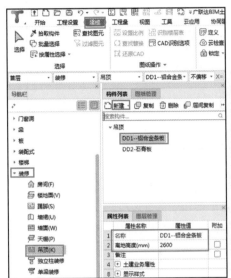
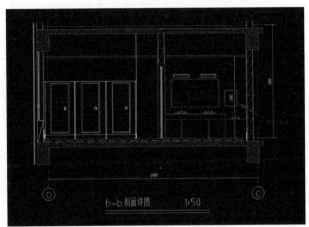

图 10-13　吊顶天棚定义编辑

（2）构件做法：单击工具栏中"定义"按钮，出现"构件做法"，双击"查询匹配清单"中"吊顶天棚"，并修改"项目编码"；单击并编辑"项目特征"，以"DD1- 铝合金条板"为例，"项目特征"修改内容如下：①铝合金条板与配套专用龙骨固定；②与铝合金条板配套的专用龙骨，同距不大于 1200，用吊件与铜筋吊杆联结后找平；③ 10 号镀锌低碳钢丝（或 A6 钢筋）吊杆，双向中距不大于 1200，吊杆上部与板底预留吊环（勾）固定；④现浇钢筋混凝土底板预留 A10 的钢筋吊杆，双向中距 1200，如图 10-14 所示。

6. 新建房间装修

（1）属性定义。建立房间构件。选择"模块导航栏"中"装修"下的"房间"，打开"构件列表"下的"新建"下拉列表框，选择"新建房间"，进入属性编辑设置；查看图纸"房间装修表"，统计首层"房间"分为 14 种，可根据表格具体做法进行定义："新建房间"1~14，并分别修改"名称"为"入口大堂及前厅、电梯厅""党员活动室""健身房""办公室"等，如图 10-15 所示。

（2）构件做法：房间具体属性修改，以②-③轴交Ⓒ-Ⓓ轴的"办公室"为例：根据"房间装修表"可知地面为防水地砖地面，踢脚为地砖踢脚，墙面为水泥砂浆墙面，天棚为装饰石膏板吊顶；单击工具栏中"定义"按钮，出现"构件列表"，在"构件类型"下，

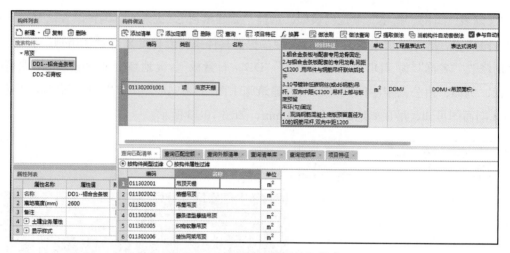

图 10-14　吊顶天棚项目特征描述

图 10-15　定义房间名称

单击"楼地面"后再单击"添加依附构件",在"构件名称"的下拉菜单下选择"地面 3-防水地砖";"踢脚"添加后选择"踢脚 2- 地砖""内墙面"添加后选择"内墙面 2- 水泥砂浆""吊顶"添加后选择"DD2- 石膏板"。如图 10-16 所示。注意"楼地面"中要注意"房心回填",在"办公室"的"房心回填"中核对回填厚度,其他房间操作方法类似,如图 10-17 所示。

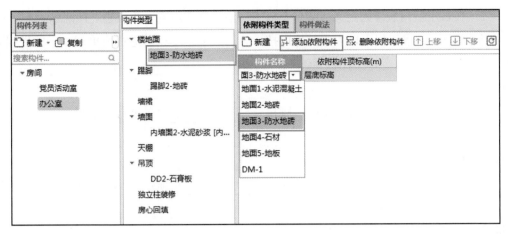

图 10-16　房间装饰构件选择

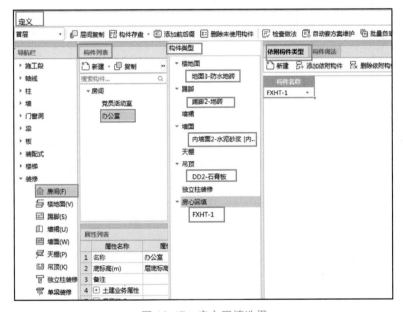

图 10-17　房心回填选择

【任务检测】

（1）完成本工程首层室内装修的定义及项目特征的设置。

（2）在首层室内装修的定义与清单套取中，注意操作步骤，并回答下列问题。

引导问题1：本工程入口大堂的地面按_____项目进行清单列项；项目编码为_____，项目特征为_____，清单工程量计算规则为_____。

引导问题2：本工程入口大堂的踢脚按_____项目进行清单列项；项目编码为_____，项目特征为_____，清单工程量计算规则为_____。

引导问题3：本工程入口大堂的墙面按_____项目进行清单列项；项目编码为_____，项目特征为_____，清单工程量计算规则为_____。

引导问题4：本工程入口大堂的天棚按_____项目进行清单列项；项目编码为_____，项目特征为_____，清单工程量计算规则为_____。

学习笔记

_____

_____

_____

_____

_____

_____

_____

_____

_____

_____

_____

任务 10.2　室内装饰工程的绘制与计算

【任务目标】

（1）会运用点画法进行房间装饰布置。

（2）会进行工程量计算，查看本层楼地面工程、墙柱面工程、天棚及油漆和涂料等的清单工程量。

（3）在图纸信息核对及构件绘制的过程中，培养学生一丝不苟的工作态度及细致耐心的习惯。

【任务操作】

1. 室内装饰的绘制

画"房间"时，一般采用点画法绘制功能。

以布置"办公室"为例：单击"建模"界面→"装修"→"房间"→"办公室"，单击"绘图"中"点"按钮，在②-③轴交Ⓒ-Ⓓ轴的位置单击选中，右击确定。其他房间参照执行布置，当墙面高度不一致时，可以在交点处用"打断"命令将"内墙面"打断，选中"内墙面"修改标高，如图 10-18 所示。房间装饰三维显示如图 10-19 所示。

2. 工程量汇总计算查看

可使用菜单"工程量"进行汇总计算，如图 10-20 所示。或选中图元汇总计算，如图 10-21 所示。

可在土建计算结果栏查看计算式及工程量。首层装饰装修工程量汇总如图 10-22 所示。选中图元工程量汇总表如图 10-23 所示。

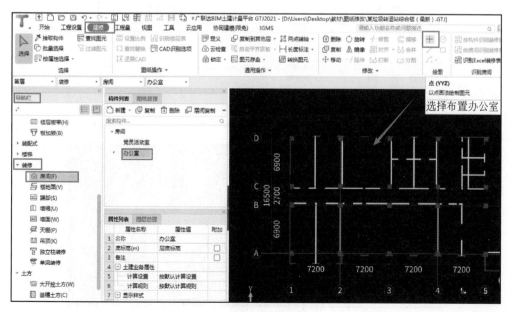

图 10-18　房间布置过程

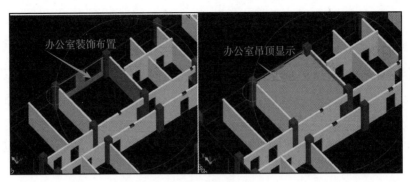

图 10-19　房间装饰三维显示

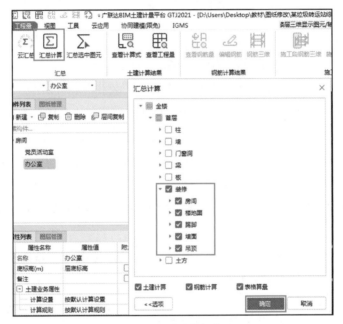

图 10-20　汇总计算操作步骤

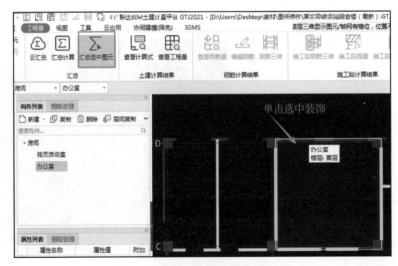

图 10-21　汇总选中图元操作步骤

图 10-22　工程量汇总表

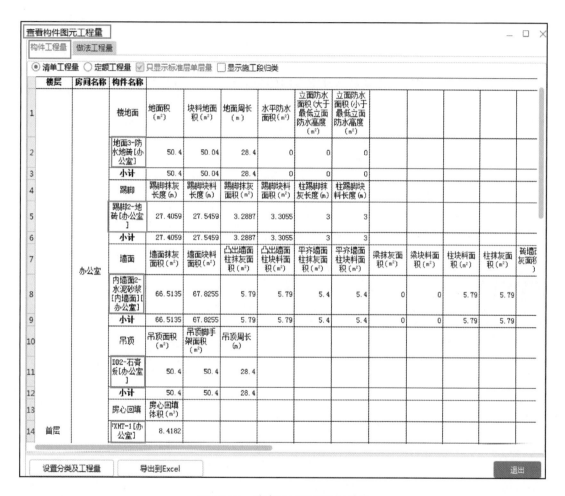

图 10-23　选中图元工程量汇总表

【任务检测】

（1）汇总查看本工程案例首层党员活动室的室内装饰工程量，将电算结果填入表 10-1。

表 10-1　工程量计算详表

构件名称	土建工程量		
	计量单位	计算式	工程量
地面			
踢脚			
内墙面			
顶棚			

（2）列式计算本案例工程党员活动室室内装饰工程量，与电算结果核对。

_____

_____

_____

_____

_____

学习笔记

_____

_____

_____

_____

_____

_____

_____

_____

任务 10.3　室外装饰工程的属性定义

【任务目标】

（1）会依据案例工程的材料做法表完成本工程外墙装饰构件的属性定义（外墙外立面的材质属性定义）。

（2）会依据《房屋建筑与装饰工程工程量计算规范》（GB 50854—2013）完成装饰部分清单套取。

（3）会建立本工程室外装饰三维算量模型。

（4）在图纸信息查找及构件属性定义的过程中，培养学生一丝不苟的工作态度及细致耐心的习惯。

【任务操作】

室外装饰包括外墙面装饰、外墙防水以及墙面保温隔热等，根据本工程建筑施工图中的材料做法表可知，本工程室外装饰包括外墙面装饰和墙面保温隔热。

1. 新建外墙面构件

（1）属性定义：建立外墙面构件，选择"模块导航栏"→"装修"→"墙面"，打开"构件列表"下的"新建"下拉列表框，选择"新建外墙面"，进入属性编辑设置；查看图纸构件做法表，统计首层地面外墙的做法有两种，可根据具体做法进行定义："新建外墙面"1~2，并分别修改"名称"为"外墙面1-涂料""外墙面2-干挂铝塑板"，在"块料厚度（mm）"栏填写厚度为"0"；其他不变，如图 10-24 所示。

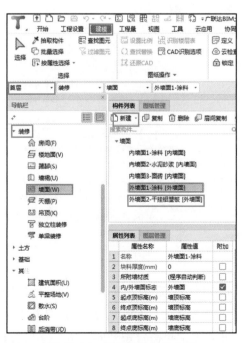

图 10-24　外墙面的属性定义

（2）构件做法：以"外墙面1- 涂料"为例，单击工具栏中"定义"按钮，出现"构件做法"，双击"查询匹配清单"中"墙面一般抹灰"，并修改"项目编码"，如图10-25所示；单击并编辑"项目特征"，"项目特征"修改内容如下：20厚聚合N（DTA）砂浆保护层；单击"查询清单库"查找"喷刷涂料"中的"墙面喷刷涂料"，双击选用，修改"项目编码"，修改"项目特征"为"涂料饰面"，如图10-26所示。

2. 新建外墙保温层

（1）属性定义：建立外墙面保温层，选择"模块导航栏"→"其他"→"保温层"，打开"构件列表"下的"新建"下拉列表框，选择"新建保温层"，进入属性编辑设置；查看图纸构件做法表，统计保温层做法如下：聚合物水泥砂浆粘贴100厚岩棉保温板，根据具体做法进行定义，"新建保温层"，并修改"名称"为"岩棉保温板"，在"块料厚度（mm）"栏填写厚度为"100"，其他不变，如图10-27所示。

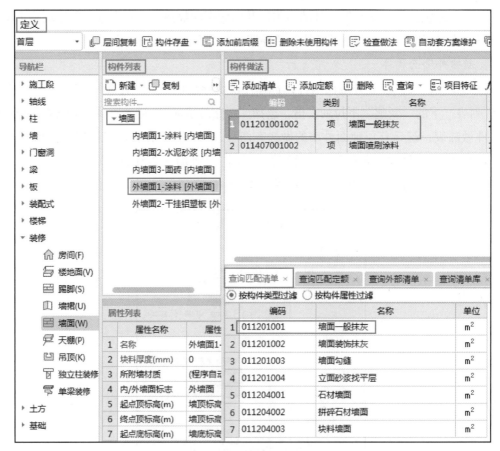

图 10-25　墙面一般抹灰清单套取

（2）构件做法：单击工具栏中"定义"按钮，出现"构件做法"，双击"查询匹配清单"中"保温隔热墙面"，并修改"项目编码"；单击并编辑"项目特征"，"项目特征"修改内容如下：①保温层板外侧固定热镀锌钢丝网一道；②聚合物水泥砂浆粘贴100厚岩

图 10-26　涂料墙面的清单选择及项目特征描述

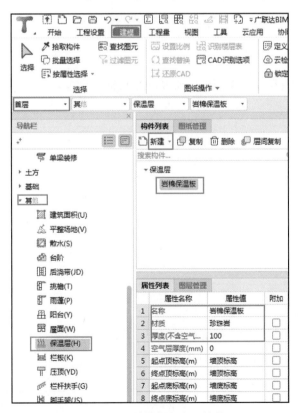

图 10-27　外墙保温定义编辑

棉保温板，用胀管螺丝与外墙体锚固可掌，5 个点 / 平方米，锚栓的规格及锚栓的设置应符合《EPS 板外墙外保温技术规程》（DB 21/T1271—2003）第 3.4 条及附录 D 的要求，$K \leqslant 0.048$；如图 10-28 所示。

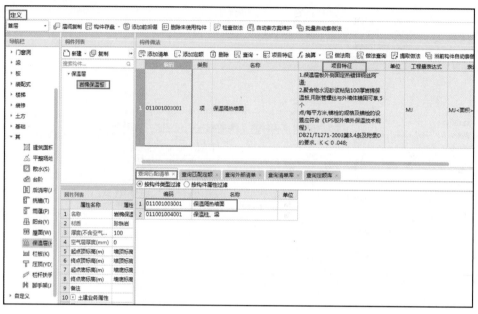

图 10-28　外墙保温隔热层的清单套取与项目特征描述

【任务检测】

（1）完成本工程首层室外装修的定义及项目特征的设置。

_____

_____

_____

_____

_____

_____

（2）在首层室外装修的定义与清单套取中，注意操作步骤，并回答下列问题。

引导问题：本工程外墙面 2- 干挂铝塑板按_____项目进行清单列项；项目编码为_____，项目特征为_____，

清单工程量计算规则为_____。

学习笔记

任务 10.4　室外装饰工程的绘制与计算

【任务目标】

（1）会运用点画法进行外墙装饰布置。

（2）会进行工程量计算，查看本工程外墙面的抹灰、保温等的清单工程量。

（3）在图纸信息核对及构件绘制的过程中，培养学生一丝不苟的工作态度及细致耐心的习惯。

【任务操作】

1. 外墙装饰的绘制

"外墙"时，一般采用点画法绘制。根据图纸立面图可知，本工程 1~6 层大部分均为"干挂铝塑板外墙"装饰，仅 6 层局部为"涂料装饰外墙"，故外墙装饰的绘制以"外墙面 2-干挂铝塑板"的绘制为例。

单击"建模"界面→"装修"→"墙面"，选择"外墙面 2-干挂铝塑板"，单击"绘图"中"点"按钮，选中图形中需布置"岩棉保温板"的外墙，右击确定，形成"干挂铝塑板（外墙面）"如图 10-29 所示。

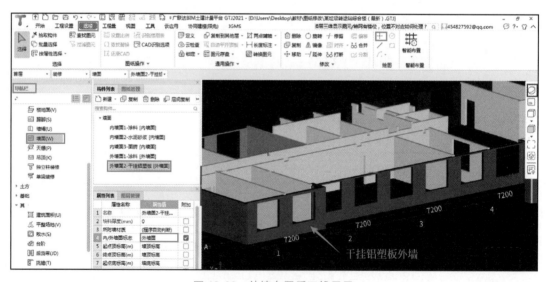

图 10-29　外墙布置后三维显示

2. 工程量汇总计算查看

可在"工程量"菜单进行汇总计算，或选中图元汇总计算，如图 10-30 所示，对外墙装饰"外墙面 2-干挂铝塑板"工程量进行查看、核对。

可在土建计算结果栏查看计算式及工程量。图 10-31 为"外墙面 2-干挂铝塑板"工程量信息。

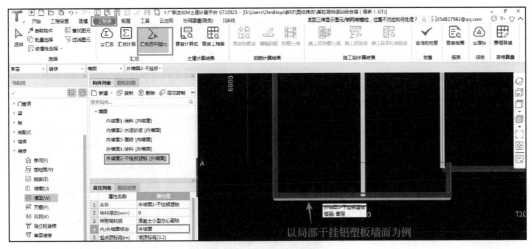

图 10-30　汇总图元选择操作步骤

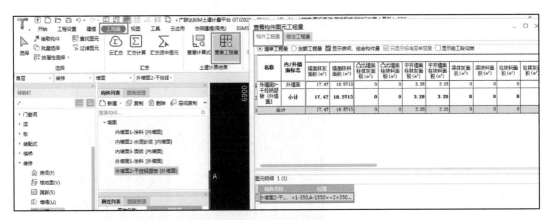

图 10-31　外墙 2- 干挂铝塑板工程量汇总

3. 保温层的绘制

画"外墙保温层"时，一般采用"点"绘制功能。

根据图纸立面图可知，本工程所有外墙（不管外层材料）均有 100mm 厚的岩棉板保温层。

单击"建模"界面→"其他"→"保温层"，选择"岩棉保温板"，单击"绘图"中"点"按钮，选中图形中需布置"岩棉保温板"的外墙，右击确定，形成"岩棉保温板"，如图 10-32 所示。

4. 工程量汇总计算查看

可在"工程量"菜单进行汇总计算，或选中图元汇总计算，如图 10-33 所示，对首层室外装饰装修工程量进行查看、核对。

可在土建计算结果栏查看计算式及工程量。"岩棉保温板"工程量信息如图 10-34 所示。

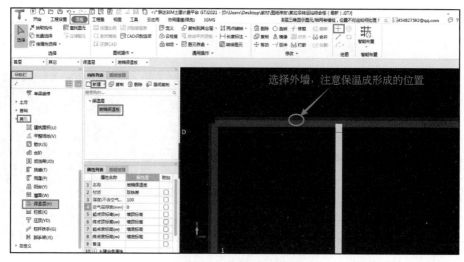

图 10-32　保温层绘制步骤

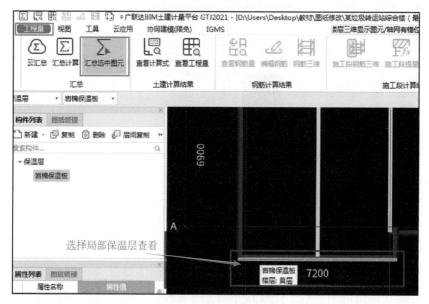

图 10-33　汇总选中图元操作步骤

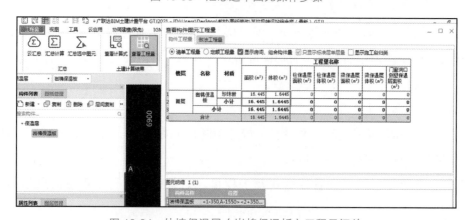

图 10-34　外墙保温层（岩棉保温板）工程量汇总

【任务检测】

（1）汇总计算并查看首层①轴外墙（外墙1）装饰的清单工程量，将电算结果填入表 10-2。

表 10-2　工程量计算详表

构件名称	土建工程量		
	计量单位	计算式	工程量
外墙 1			

（2）列式计算本案例首层①轴外墙装饰（外墙1）工程量，与电算结果核对。

_____

_____

_____

_____

_____

学习笔记

_____

_____

_____

_____

_____

_____

_____

评价反馈

首层装饰工程绘制与计量任务的学习情况评价与反馈，可参照表 10-3 进行。

表 10-3 首层装饰工程的绘制与计量任务学习评价表

序号	评价项目	评价标准或内容	满分	评 价			综合得分
				自评	互评	师评	
1	工作任务成果	（1）室内外装饰装修的属性定义正确； （2）室内外装饰装修的绘制操作正确； （3）室内外装饰装修的工程量计算正确； （4）室内外装饰装修的清单列项正确； （5）室内外装饰装修的工程量提取正确	30				
2	工作过程	（1）严格遵守工作纪律，自觉开展任务； （2）积极参与教学活动，按时提交工作成果； （3）积极探究学习内容，具备拓展学习能力； （4）积极配合团队工作，形成团结协作意识	20				
3	工作要点总结		30				
4	学习感悟		20				
	小　计		100				

成果检测

　　汇总计算本案例工程首层室内简单装饰及外墙装饰工程量，编制简单装饰装修分部分
项工程量清单，填入表 10-4。

表 10-4　分部分项工程量清单表

序号	项目编码	项目名称	项 目 特 征	计量单位	工程量

项目 11　汇总计算与报表导出

项目描述

　　本案例项目工程全部绘制完成后，可进行工程量汇总计算，查看土建计算结果和钢筋计算结果，查看、导出或打印土建报表量和钢筋报表量，也可以利用报表提取工程量或反查核对工程量。

　　项目建议学时：2 学时。

【任务目标】

（1）会汇总计算本案例工程的工程量。

（2）会查看工程量报表，按要求提取工程量。

（3）会导出工程量报表。

【任务操作】

1. 汇总计算

微课：汇总计算

完成工程模型后，要查看构件工程量时，需先进行汇总计算，如图 11-1 所示。

图 11-1　工程量汇总菜单

　　在菜单栏中单击"工程量"→"汇总计算"，弹出汇总计算提示框，选择需要汇总的楼层、构件及汇总项，单击"确定"按钮进行计算汇总，如图 11-2 所示。

图 11-2　汇总计算

汇总结束后，弹出"计算成功"界面，如图 11-3 所示。

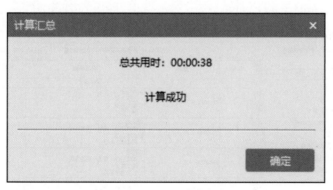

图 11-3　完成汇总计算

2. 报表查看（提量）

工程汇总检查完成之后，可对整个工程输出工程量及报表，可选择设置需要查看报表的楼层和构件，包括"绘图输入"和"表格输入"两部分工程量。通过查看报表进行工程量查看，如图 11-4 所示。

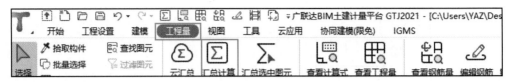

图 11-4　查看报表

可以分别查看钢筋相关工程量报表和土建相关工程量报表，钢筋报表量如图 11-5 所示，土建报表量如图 11-6 所示。

图 11-5　钢筋报表量

图 11-6　土建报表量

报表设置分类条件操作，如图 11-7 所示。

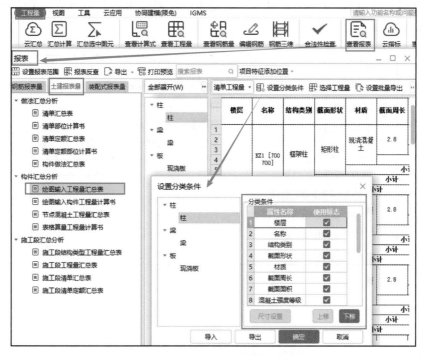

图 11-7 报表设置分类条件

3. 报表反查（查量）

在提取工程量过程中，如果觉察工程量有问题，可借助"报表反查"功能核对工程量，如图 11-8 所示。

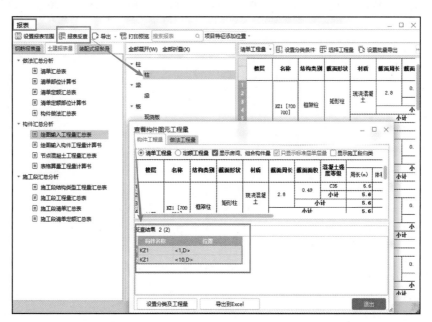

图 11-8 报表反查

微课：查看
并导出报表

4.报表导出

汇总计算后，打开"报表"，可以选择需要的钢筋量报表和土建量报表
并导出，如图11-9所示。

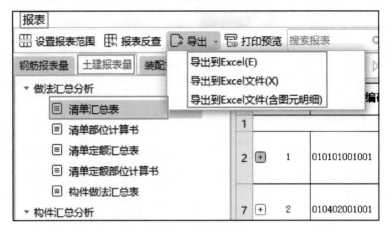

图11-9　报表导出

【任务检测】

汇总计算本案例工程首层钢筋工程量，查看钢筋报表，编制首层钢筋统计汇总表，填
入表11-1。

表 11-1　钢筋统计汇总表

构件类型	合计	级别	6	8	10	12	14	16	18	20	22	25

续表

构件类型	合计	级别	6	8	10	12	14	16	18	20	22	25

评价反馈

汇总计算及报表导出的任务学习情况评价与反馈，可参照表 11-2 进行。

表 11-2　汇总计算及报表导出的任务学习情况评价表

序号	评价项目	评价标准或内容	满分	评　价			综合得分
				自评	互评	师评	
1	工作任务成果	（1）汇总计算操作正确； （2）查看报表操作正确； （3）导出清单汇总表正确； （4）导出钢筋级别直径汇总表正确	30				
2	工作过程	（1）严格遵守工作纪律，自觉开展任务； （2）积极参与教学活动，按时提交工作成果； （3）积极探究学习内容，具备拓展学习能力； （4）积极配合团队工作，形成团结协作意识	20				
3	工作要点总结		30				
4	学习感悟		20				
	小　计		100				

成果检测

汇总计算本案例工程所有构件的工程量，导出土建清单汇总表填入表 11-3。

表 11-3　分部分项工程量清单表

序号	项目编码	项目名称	项 目 特 征	计量单位	工程量

项目 12　CAD 导图建模

项目描述

依据《建设工程工程量清单计价规范》（GB 50500—2013）、《房屋建筑与装饰工程工程量计算规范》（GB 50854—2013）、国家建筑标准设计图集《混凝土结构施工图平面整体表示方法制图规则和构造详图》（16G101）系列，利用本工程 CAD 建筑施工图和结构施工图，通过导入 CAD 图，软件识别构件和校核构件，完成"绘制构件"的建模方法。

本项目包括四个工作任务：识别轴网和柱，识别梁和板，识别砌体墙和门窗，识别基础。

本项目建议学时：8 学时。

任务 12.1　识别轴网和柱

【任务目标】

（1）会新建工程，运用"图纸管理"完成图纸分割。

（2）会利用轴网识别完成轴网绘制。

（3）会利用柱表及框架柱平面布置图，通过 CAD 识别完成首层柱的绘制。

（4）会定义柱构件做法，完成柱清单套取。

（5）培养学生举一反三、综合运用知识的能力。

【任务操作】

1. 新建工程

根据本案例工程图纸，完成"工程信息"中各项设置。

2. 导图

在"构件列表/图纸管理栏"→"图纸管理"中"添加图纸"，导入本工程结构施工图，如图 12-1 所示。

图 12-1　导图

利用"识别楼层表"功能快速建立楼层，如图 12-2 所示。单击主菜单"建模"→"识别楼层表"后，框选图纸中楼层表，右击弹出识别楼层表对话框，表头信息分别对应选择，单击"识别"，完成楼层表识别。

图 12-2　识别楼层表

3. 图纸分割

图纸分割有自动分割和手动分割两种方式。

自动分割：单击自动分割，软件自动完成分割图纸，并分别对应到相应楼层，如图 12-3 所示。

图 12-3　自动分割图纸

手动分割：依次框选需要分割的图纸 → 右击确认 → 弹出"手动分割"对话框 → 输入图纸的名称及对应楼层，完成该张图纸的分割，如图 12-4 所示。按此方法操作，可以完成本工程建筑施工图和结构施工图的分割。

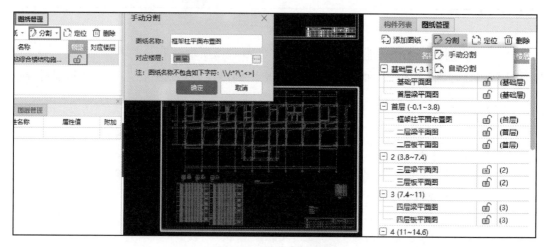

图 12-4　手动分割图纸

4. 识别轴网

图纸定位：双击"图纸管理"列表下的框架柱平面布置图。

依次在菜单栏单击识别轴网 → 提取轴线 → 提取集中标注 → 提取原位标注 → 框选识别梁 → 自动识别，如图 12-5 所示。

微课：识别轴网

5. 识别柱

在柱构件识别过程中，需要区分框架柱和暗柱。两者在图纸中的注写方式不同，框架柱通常以柱表注写方式体现，暗柱通常以截面注写方式体现。在软件中，两种注写性的识别方式不同，柱表注写方式用"识别柱表"完成构件建立，而截面注写方式用"识别柱大样"完成建立，"识别柱大样"相当于手绘建模的"定义"暗柱过程。

本案例工程柱为框架柱（柱表注写），"识别柱表"相当于手绘建模的"定义"框架柱过程；"识别柱"相当于将建立好的框架柱绘制在平面图上；"校核柱图元"就是软件自动检查柱图识别流程。

（1）识别柱表：定义框架柱，如图 12-6 所示。

微课：识别柱表

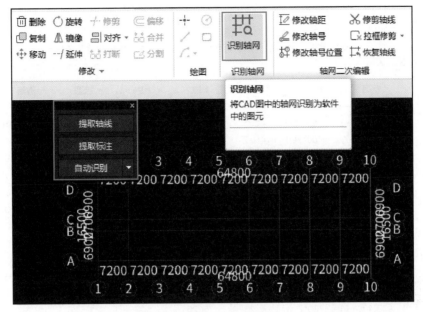

图 12-5　识别轴网

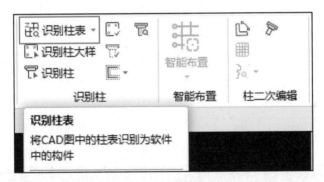

图 12-6　识别柱表命令

依次单击识别柱表→框选柱表→右击确认→核对框架柱属性信息→删除无用行→识别，如图 12-7 所示。

（2）识别柱：识别框架柱平面图，完成柱的识别，如图 12-8 所示。

依次单击识别柱→提取边线→提取标注→自动识别。

微课：识别柱

<u>注意</u>

柱识别后，按照"校核柱图元"信息修改，检查柱的位置准确性，按快捷键 Shift + Z 显示柱名称，检查软件中柱名称与 CAD 底图的柱名称是否相同，钢筋信息是否有误。如果上述信息有误或缺失，可通过"点选识别"对单个构件重新识别，或者直接在"属性"中修改。或采用"点"画描图（快捷键：F4 为切换插入点，F3 为左右翻转，Shift + F3 为上下翻转）。

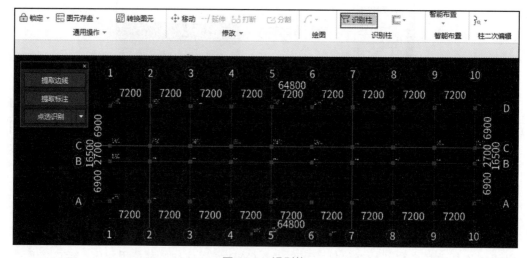

图 12-7　识别柱表

柱号	标高	b*h(圆...	角筋	b边一...	h边一...	肢数	箍筋
KZ1	基础顶~-...	700*700	4C25	5C25	5C25	1(5*5)	C10@100
	-0.100~3...	700*700	4C25	5C25	5C25	1(5*5)	C10@100
	3.800~7...	700*700	4C22	3C22	3C22	1(5*5)	C10@100
	7.400~18...	700*700	4C22	3C22	3C22	1(5*5)	C8@100
KZ2	基础顶~-...	700*700	4C25	4C25	4C25	1(5*5)	C10@100
	-0.100~3...	700*700	4C25	4C25	4C25	1(5*5)	C8@100/...
	3.800~7...	700*700	4C25	3C25	3C25	1(5*5)	C8@100/...
	7.400~11...	700*700	4C25	3C22	3C22	1(5*5)	C8@100/...
	11.000~1...	700*700	4C20	3C20	3C20	1(5*5)	C8@100/...
KZ3	基础顶~-...	700*700	4C25	5C25	5C25	1(5*5)	C10@100
	-0.100~3...	700*700	4C25	5C25	5C25	1(5*5)	C8@100
	3.800~7...	700*700	4C25	5C25	5C25	1(5*5)	C8@100
	7.400~11...	700*700	4C25	5C25	5C25	1(5*5)	C8@100/...
	11.000~1...	700*700	4C25	3C25	3C25	1(5*5)	C8@100/...
KZ4	基础顶~-...	700*700	4C25	5C25	5C25	1(5*5)	C10@100

提示:请在第一行的空白行中单击鼠标从下拉框中选择对应列关系

识别　取消

图 12-7　识别柱表

图 12-8　识别柱

6. 首层框架柱清单套取

参照项目 2 柱的属性定义中清单套取方法,定义 KZ1 的构件做法,如图 12-9 所示。

单击"做法刷",可以批量进行柱的构件做法定义,快速完成清单套取,如图 12-10 所示。

图 12-9　KZ1 清单套取

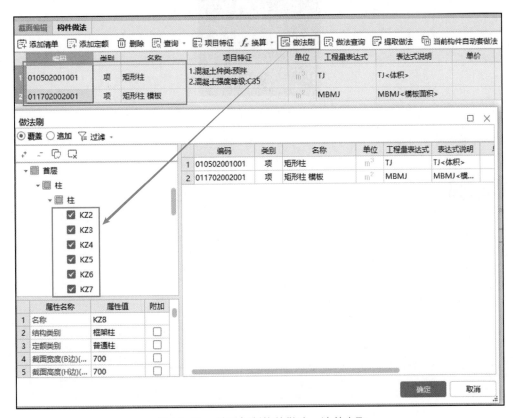

图 12-10　批量复制构件做法，清单套取

【任务检测】

（1）如果柱表钢筋信息中存在汉字以及特殊符号，导致无法正确识别或识别信息不完整，如箍筋信息为 ⸫8@200，该如何处理？

（2）根据图 12-11 给出的 GBZ1 截面及钢筋信息，列出识别该柱大样图的操作步骤。

图 12-11　GBZ1 截面及钢筋信息

学习笔记

任务 12.2　识别梁和板

【任务目标】

（1）会利用二层梁平面图通过 CAD 识别完成二层梁的绘制。

（2）会利用二层板平面图通过 CAD 识别完成二层板的绘制。

（3）培养学生分析问题、解决问题的能力。

【任务操作】

微课：识别梁

1. 识别梁

（1）定位图纸

在"图纸管理"列表中双击二层梁平面图，软件会自动定位 CAD 图与轴网重合，当出现图纸与轴网不同时，需要手动操作进行"定位"。

操作步骤如下：单击"定位"→选择 CAD 图的定位点→拖动至与 CAD 图相同定位点→单击确认完成"定位"操作。

（2）识别梁操作流程

操作步骤如下：识别梁→提取边线→提取标注→识别梁（自动识别、点选识别）→校核梁图元→二次编辑，如图 12-12 所示。

图 12-12　识别梁流程

（3）自动识别梁

在菜单栏依次单击识别梁→提取边线→右击确认→提取集中标注→右击确认→提取原位标注→自动识别或框选识别，如图 12-13 所示。

提取标注时，集中标注与原位标注在同一图层时，使用自动区分集中标注和原位标注；集中标注与原位标注在不同图层时，则需要分别提取。

在自动识别梁的过程中，"识别梁选项"中缺少截面、箍筋信息时，可能是由于图纸中同名梁的标注跨数不一致，可以使用"复制图纸信息"或手动输入完成，也可使用"点选识别梁"进行识别。在识别梁的过程中，梁缺少通长筋信息，可能因为图纸本身没有下部通长筋，此时只是起到提示作用，无须修改。

选择识别梁如图 12-14 所示。

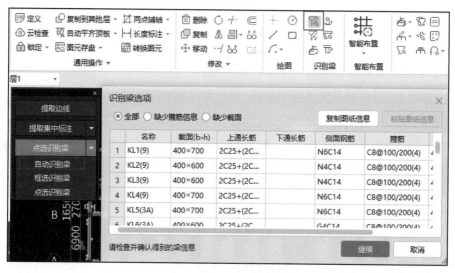

图 12-13 自动识别梁

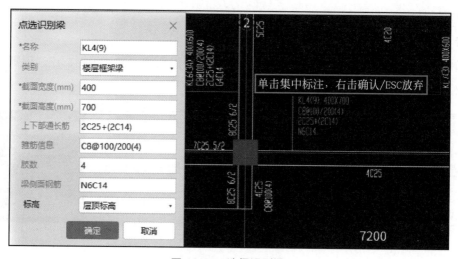

图 12-14 选择识别梁

（4）识别原位标注

在确保本层梁支座都没有问题（即没有红色显示的梁）后，进行原位标注的识别。

识别原位标注有"自动识别原位标注""框选识别原位标注""点选识别原位标注""单构件识别原位标注"等方式，或者通过"梁平法表格"手动输入。

自动识别原位标注：软件会自动一次性识别梁的全部原位标注，效率高，但识别后梁都变成绿色不易于检查，如图 12-15 所示。

点选识别原位标注流程如下：一次识别一个原位标注，单击选择对应梁→选择需要识别的原位标注→确认原位标注的位置→右击确认，一般用于辅助识别。

单构件识别原位标注流程如下：一次识别一根梁，识别后梁构件显示集中标注与原位标注，可与 CAD 底图进行对比检查，识别错误时，直接在下方的"梁平法表格"中修改，

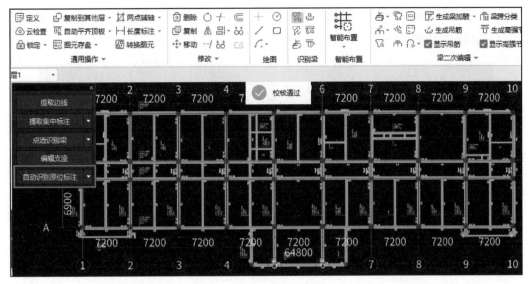

图 12-15　识别原位标注

比"点选识别原位标注"更快速。另外，识别前梁位粉红色，识别检查后梁变成绿色，比"自动识别原位标注"更易于检查。

（5）识别（生成）吊筋或附加箍筋

当梁的 CAD 平面图上有吊筋及吊筋标注时，可以使用"识别吊筋"，识别吊筋流程为识别吊筋→提取钢筋线和标注→自动识别。

本案例工程二层梁平面图上没有吊筋及吊筋钢筋标注，需要根据二层梁平面图说明第 5 条，通过"生成吊筋"来完成吊筋或附加箍筋的布置。生成吊筋方法详见任务 3.2。

2. 识别板与板筋

板与板筋识别流程如下：识别板→识别板受力筋→识别板负筋。

（1）识别板

首先进行图纸定位：双击图纸管理下列"二层板平面图"，选择"模块导航栏"中"CAD 识别"下的"识别板"，完成识别板流程，如图 12-16 所示。

微课：识别板筋

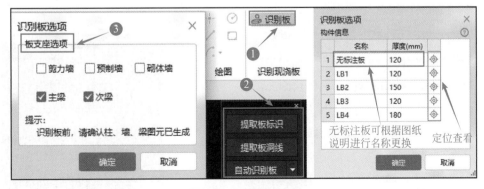

图 12-16　识别板流程

依次单击提取板标识→提取板洞线→自动识别板→选择板支座→输入无标注板名称及板厚（按照图纸说明）→确定。完成识别的板如图 12-17 所示。

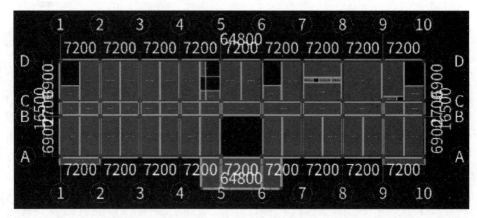

图 12-17　识别板完成

> **注意**
>
> 在"提取板洞线"时，可以一起提取板洞、楼梯井、管道井的标识线。

（2）识别板筋

识别板筋流程如下：提取板筋线（主筋及负筋钢筋线）→提取板筋标注→识别（自动识别、点选识别），如图 12-18 所示。自动识别板筋如图 12-19 所示。

（3）校核板筋图元

校核板筋图元的命令如图 12-20 所示。双击对应问题描述定位至图中相应位置，进行板筋调整，校核板筋图元查看如图 12-21 所示，校核板筋图元修改如图 12-22 所示。

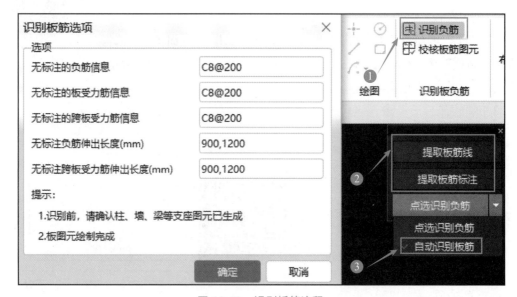

图 12-18　识别板筋流程

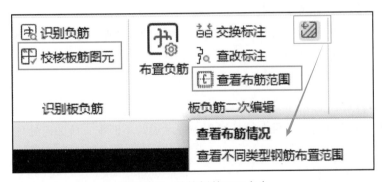

图 12-19　自动识别板筋

图 12-20　校核板筋图元命令

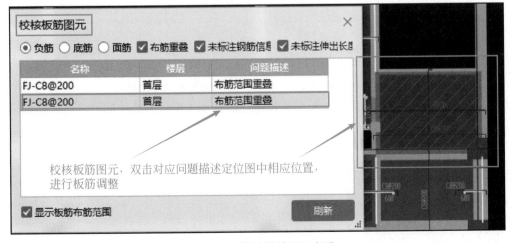

图 12-21　校核板筋图元查看

图 12-22　校核板筋图元修改

3. 梁和板做法定义，清单套取

参照任务 12.1 中柱做法的批量定义方法，单击"做法刷"批量完成梁和板构件做法定义，快速完成清单套取，汇总计算工程量。

【任务检测】

（1）识别完梁构件后，如果在校核过程中提示梁跨不匹配，该如何处理？

_____

_____

_____

_____

（2）自动识别梁原位标注，如校核原位标注时提示未使用的原位标注，应如何处理这种情况？

_____

_____

_____

_____

（3）在识别过程中，如提取钢筋线或钢筋标识时提示提取错误，应如何撤销或还原？

任务 12.3 识别砌体墙和门窗

【任务目标】

（1）会利用本案例工程首层平面图通过 CAD 识别完成本工程首层砌体墙的绘制。

（2）会利用本案例工程首层平面图和门窗统计表及门窗详图通过 CAD 识别完成本工程门窗绘制。

（3）培养学生认真仔细的学习和工作态度。

微课：识别墙

【任务操作】

1. 识别砌体墙

识别砌体墙流程如下：识别砌体墙体→校核墙图元。

（1）图纸定位：双击"图纸管理"中首层平面图，单击"定位"，单击平面图 A 轴与 1 轴交点，移动至轴网的基准点，完成图纸定位，如图 12-23 所示。

（2）识别砌体墙：提取砌体墙边线→提取墙标识→提取门窗线→识别砌体墙。

本案例工程平面图中无墙标识，软件自动根据 CAD 图中墙体绘制厚度读取，核对识别后的墙体厚度，并将错误识别墙体删除。依据图纸，选择或填入砌体墙材质及钢筋信息，高级设置，设置最大洞口宽度，完成后单击自动识别，如图 12-24 所示。

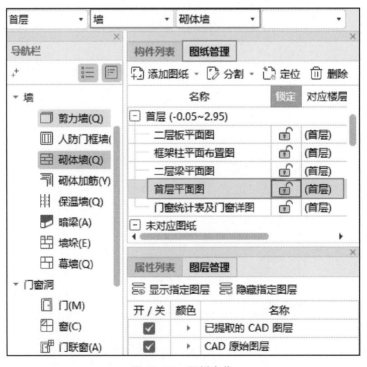

图 12-23 图纸定位

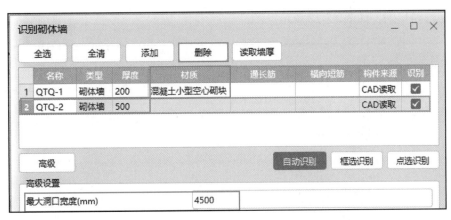

图 12-24　识别砌体墙

（3）校核墙图元。

（4）内外墙判断。

进行墙体识别后，软件可根据墙体的实际位置自动识别内墙和外墙，并修正墙属性中的内外墙标志，确保和内外墙关联工程量的准确性，判断内外墙命令如图 12-25 所示。

图 12-25　判断内外墙

在绘图选项卡中，墙二次编辑中单击"判断内外墙"，弹出"判断内外墙"窗口，可设置判断范围，单击确认完成判断，内、外墙以不同颜色区分显示，如图 12-26 所示。

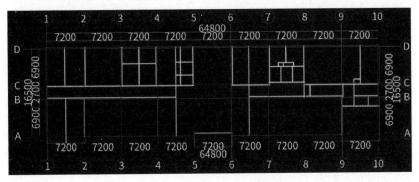

图 12-26　识别完成的砌体墙

2. 识别门窗

识别门窗流程如下：识别门窗表→识别门窗洞→校核门窗。

（1）识别门窗表：识别方法同楼层表与柱表。

依次单击识别门窗表→框选门窗表（右击确认）→确认门窗信息→

微课：识别门窗

删除无用行→识别，如图 12-27 所示。

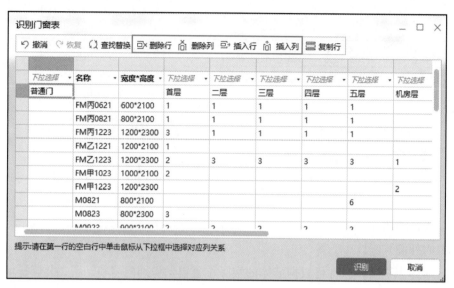

图 12-27 识别门窗表

　　"识别门窗表"时，要注意修改窗的"离地高度"，如果门窗表里没有"离地高度"，要在识别完成后按照图纸修改窗构件"属性"。

　　（2）识别门窗洞：依次单击提取门窗洞→提取门窗线→提取门窗洞标识→自动识别。自动识别校核门窗如图 12-28 所示。

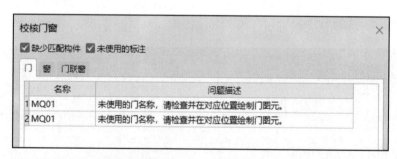

图 12-28 校核门窗

　　校核门窗，提示 MQ01 没有被识别，需检查洞口两侧墙体是否绘制完整，或者通过手动"点"画绘制图元，如图 12-29 所示。

　　识别砌体墙时已"提取门窗线"，识别门窗洞时可忽略此步骤。或者提取前操作还原 CAD，单击"还原 CAD"→框选需要还原的图纸→右击确认，如图 12-30 所示。

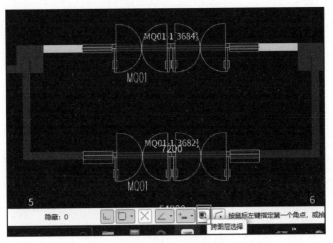

图 12-29　手动"点"画门窗图元

图 12-30　还原 CAD

3. 墙和门窗的构件做法定义、清单套取

参照任务 12.1 中柱做法的批量定义方法，分别单击"做法刷"批量完成墙体和门窗的做法定义，快速完成清单套取，汇总计算工程量。

【任务检测】

在门窗识别过程中，如不能识别突出的窗边线（如飘窗构件），如何处理?

学习笔记

任务 12.4　识别基础

【任务目标】

（1）会利用本案例工程基础平面图完成独立基础属性定义。

（2）会利用本案例工程基础平面图通过 CAD 识别完成本工程独立基础的绘制。

（3）培养学生在学习和工作中善于思考、勤于总结的品质。

【任务操作】

基础种类较多，通过 CAD 识别处理的基础主要有基础梁、独立基础、桩承台和桩。基础梁的识别类似于梁识别，桩类似于柱识别，独立基础与桩承台的识别类似。

识别独立基础流程如下：定义独立基础→识别独立基础→检查构件。

1. 定义独立基础构件

新建独立基础（注意构件名称需与图纸保持一致），新建独立基础单元，如图 12-31 所示。

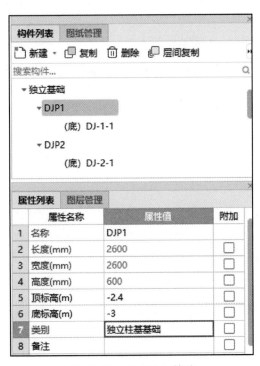

图 12-31　定义独立基础

2. 识别独立基础构件

识别独立基础流程如图 12-32 所示，依次单击提取独基边线→提取独基标识→识别（自动识别、框选识别、点选识别），识别完成后如图 12-33 所示。

微课：识别基础

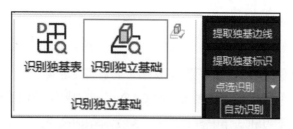

图 12-32　识别独立基础流程

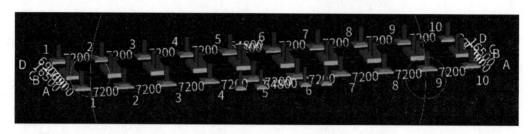

图 12-33　自动识别独立基础

如果图纸有独立基础表格，可以通过"识别独基表"处理常见的"对称阶形"和"对称坡形"独基表。

3. 基础的构件做法定义与清单套取

参照任务 12.1 中柱做法的批量定义方法，分别单击"做法刷"批量完成基础做法定义，快速完成清单套取，汇总计算工程量。

学习笔记

评价反馈

CAD 导图建模的学习情况评价与反馈，可参照表 12-2 进行。

表 12-2　CAD 导图建模的学习情况评价表

序号	评价项目	评价标准或内容	满分	评价			综合得分
				自评	互评	师评	
1	工作任务成果	（1）轴网和柱的识别正确； （2）梁的识别正确； （3）板和板筋的识别正确； （4）砌体墙的识别正确； （5）门窗的识别正确； （6）基础的识别正确	30				
2	工作过程	（1）严格遵守工作纪律，自觉开展任务； （2）积极参与教学活动，按时提交工作成果； （3）积极探究学习内容，具备拓展学习能力； （4）积极配合团队工作，形成团结协作意识	20				
3	工作要点总结		30				
4	学习感悟		20				
小　计			100				

汇总计算本案例工程首层土建工程量，编制首层分部分项工程量清单，填入表 12-3。

表 12-3　分部分项工程量清单表

序号	项目编码	项目名称	项 目 特 征	计量单位	工程量

续表

序号	项目编码	项目名称	项 目 特 征	计量单位	工程量

参考文献

[1] 中华人民共和国住房和城乡建设部，中华人民共和国国家质量监督检验检疫总局. 房屋建筑与装饰工程工程量计算规范（GB 50854—2013）[S]. 北京：中国计划出版社，2013.

[2] 中华人民共和国住房和城乡建设部，中华人民共和国国家质量监督检验检疫总局. 建设工程工程量清单计价规范（GB 50500—2013）[S]. 北京：中国计划出版社，2013.

[3] 江苏省住房和城乡建设厅. 江苏省建筑与装饰工程计价定额（上册）（2014 版）[M]. 南京：江苏凤凰科学技术出版社，2014.

[4] 江苏省住房和城乡建设厅. 江苏省建筑与装饰工程计价定额（下册）（2014 版）[M]. 南京：江苏凤凰科学技术出版社，2014.

[5] 李茂英，曾浩. 工程造价软件应用与实践 [M]. 北京：北京大学出版社，2020.

[6] 广联达课程委员会. 广联达算量应用宝典——土建篇 [M]. 北京：中国建筑工业出版社，2019.

[7] 任波远，辛勐，吕红校. 广联达 BIM 土建钢筋算量软件（二合一）及计价教程 [M]. 北京：机械工业出版社，2021.